Herbert Sehner

Wie Hütehunde wirklich ticken

Ihre Eigenheiten und Bedürfnisse

KASTNER AG

Vom Wolf bis zu den Hütespezialisten

Wesenseigenschaften, Mythen und Halbwahrheiten

Sinneswelt, Rang-, Rudelordnung und Hüteveranlagung

Kommunikation und Hundehaltung in Übereinstimmung

Artgerechter Umgang, der Eignung entsprechend

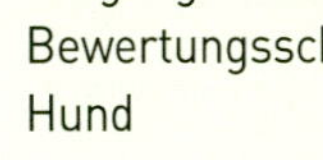

Hütehundezucht und Aufzucht in optimaler Partnerschaft

Vom Wolf bis zu den Hütespezialisten

Die spezielle Beziehung zwischen Mensch und Hund ist ein Ergebnis der Domestikation. Bei unseren heutigen Hüte-Gebrauchshunden ist einen Großteil ihrer ursprünglichen Eigenschaften immer noch vorhanden. Für die Hirtentätigkeit wurden im Laufe der Zeit ganz spezielle Hunde selektiert und gezüchtet. In der momentan gängigen Literatur über Hütehunde wird in der Regel zwischen Hüte- und Treibhunden unterschieden. Da aber die Aufgabengebiete dieser Hunde mit teilweise sehr unterschiedlichen Anforderungen und auch Ausprägungen im Temperament belegt sind, ist es sinnvoll, noch weitere Unterscheidungen vorzunehmen. Die Erklärung der für die Thematik „Hütehunde" gebräuchlichen Fachausdrücke sollen dem Familien- wie auch dem Gebrauchshundebesitzer helfen, mit der Veranlagung ihres Hundes zurechtzukommen.

Wesenseigenschaften, Mythen und Halbwahrheiten

Die Kenntnis und Beachtung der unterschiedlichen Wesensmerkmale ist im Umgang mit unseren Hunden besonders wichtig. Entsprechendes Wissen ist eine Grundvoraussetzung, um eine erfolgreiche Beziehung zu ihnen aufzubauen. Mein Anliegen für diesen Themenbereich ist, die Hunde rasseunabhängig einzuordnen. Meine Einteilung hierzu ist „Denker", „Macher" und „Sensibler". Die Beachtung dieser Wesenseigenheiten ist meiner Meinung nach eines der Hauptkriterien, die ein harmonisches und erfolgreiches Zusammenleben mit unseren Hunden ermöglichen.
Behauptungen wie: „Der Hütehund braucht viel Bewegung und Auslastung" werden oftmals kritiklos von einer Veröffentlichung auf die andere übertragen. Gerade diese beiden Aussagen haben, wenn sie falsch interpretiert werden, ein enormes Potenzial, das Verhältnis zu unseren Vierbeinern extrem kompliziert zu gestalten. Leider nicht immer zum Wohle unserer Hunde!

Sinneswelt, Rang-, Rudelordnung und Hüteveranlagung

Unsere Hunde nehmen die Umwelt anders wahr als wir Menschen. Das Wissen um ihre spezielle Sinnesleistung hilft uns, alle unsere Tiere besser zu verstehen. Die Sinnesleistung von Augen, Ohren und Nase, mit der sie ihre Umwelt erfassen, sind speziell auf ihre Bedürfnisse abgestimmt. Wölfe leben in einem Familienverband mit hochentwickeltem Sozialverhalten und einer klaren Struktur. Das Wolfsrudel ist also unserer menschlichen Kleinfamilie gar nicht so unähnlich. Bei unseren Hunden ist das natürlich auch nicht viel anders. Diesbezügliches Wissen wird uns mit Sicherheit das Zusammenleben mit ihnen erleichtern. Die Hüteveranlagung hängt mit dem ursprünglichen Jagdverhalten zusammen. Der Hüteinstinkt ist innerhalb der Hütehunderassen mehr oder weniger stark ausgeprägt. Der Hütetrieb ist beherrschbar! Das Erste, was der Schäfer seinen Hunden beibringen wird, ist – salopp ausgedrückt – „Hütetrieb an / Hütetrieb aus".

Dieser Malinois zeigt seine Furchengänger-Veranlagung.

Unser Rudel im Freilauf.

Glatthaariger Pyrenäen Schäferhund bei der Fährtenarbeit.

Junghund in Ausbildung für die Treibarbeit.

Kommunikation und Hundehaltung in Übereinstimmung S. 90–117

Kommunikation besteht auch beim Menschen zum Großteil aus nonverbalen Äußerungen. Gesten, Hände und Körpersprache sagen oft mehr aus, als man wahrhaben möchte. Obwohl Mensch und Hund vielfach unterschiedlich miteinander kommunizieren, gibt es doch auch einige Gemeinsamkeiten. Die Verknüpfung unserer Kommandos mit einer von ihnen verlangten Reaktion ist für Hunde erst einmal eine Fremdsprache. Ihnen diese begreiflich zu machen ist Teil unserer Erziehungsarbeit. Auch das Zusammenleben mit Tieren in emotionaler Verbundenheit und dessen Wirkung auf die menschliche Psyche ist ein weiteres wichtiges Argument, das für eine Mensch-Tierpartnerschaft spricht. Für viele von uns ist diese Verbindung sogar das Wichtigste von allem. Diese Interaktion zwischen Mensch und Haustier und die Wirkung, die sie auf die menschliche Psyche hat, kann auch als Symbiose bezeichnet werden: Also das Zusammenleben von Lebewesen verschiedener Art zum gegenseitigen Nutzen.

Artgerechter Umgang, der Eignung entsprechend S. 118–157

Der Umgang mit Tieren ist für viele von uns eine natürlich vorhandene Fähigkeit, die wir ohne groß zu überlegen in die Tat umsetzen können. Bei unseren Hunden ist die Fähigkeit, mit uns Menschen gut zurechtzukommen, besonders ausgeprägt. Ihre leichte Sozialisierbarkeit und auch ihre besondere Kommunikationsbereitschaft erleichtern den Umgang mit ihnen. Um die Beziehung mit Hütehunden erfolgreich zu gestalten, muss man lernen, wie ein Hund zu denken und zu agieren. Dazu gehört vor allem, dem Hund das Gefühl zu vermitteln, in einer gut funktionierenden Rudelgemeinschaft zu leben.

Mit Vermenschlichung und Leckerli-/Streichelzoo-Mentalität wird man den Ansprüchen unserer Hütehunde in vielen Fällen nicht gerecht. Dem Hund klare und verständliche Regeln vorgeben und diese auch konsequent durchzusetzen, ist die Antwort auf viele der immer wiederkehrenden Probleme.

Hütehundezucht und Aufzucht in optimaler Partnerschaft S. 158–173

Die Zucht mit einer anerkannten Zuchtorganisation ist mit einer Anzahl von Vorbedingungen verbunden, deren Aufwand man nicht unterschätzen sollte. Züchtung ohne die fachkundige Begleitung einer Züchtervereinigung kann, besonders was gesundheitliche Belange betrifft, relativ schnell problematisch werden.

Die Zeit vom Welpen bis zum Junghund ist eine ganz entscheidende Phase im Leben eines Hundes.

Hund und Mensch müssen sich kennenlernen, eine Einheit bilden und lernen, sich gegenseitig zu vertrauen. Die Vorbereitung auf seine zukünftige Aufgabe ist im Junghundealter zu bewältigen. Eine glückliche Partnerschaft resultiert aus der Zufriedenheit von Mensch und Hund. Dazu gehört das entsprechende Fachwissen und auch eine gewisse empathische Einstellung. Das Resultat ist, dass wir eine Partnerschaft erleben, die durch nichts zu überbieten ist.

Der Corgi ist ein talentierter Arbeiter.

Auch die Shelties haben das Hüten nicht verlernt.

Deutscher Schäferhund bei der Fußarbeit.

Ausbildung für Furchengänger am Rechteckpferch.

Bulle und Hütehund kommunizieren energetisch. Ein Abbruch oder eine Intensivierung dieser Situation wird für einen gut ausgebildeten Hund kein Problem sein.

Vom Wolf bis zu den
Hütespezialisten

Domestikation unserer Haustiere

Die Domestikation unserer Haustiere, speziell unserer Hunde, spielt eine existenzielle Rolle in der Menschheitsgeschichte. Vom Wolf bis zu unseren heutigen Hütehunden gibt es seit Tausenden von Jahren in den verschiedenen Kulturen Legenden und Mythen, die natürlich mit allerlei Spekulationen belegt sind. Wir Menschen bewundern den Wolf für seine Stärke und Kraft – und gleichzeitig wissen wir, dass uns das Verständnis für die Natur immer weiter entschwindet. In unserer Kulturlandschaft wird der Wolf einerseits von vielen als nicht „gesellschaftsfähig" betrachtet. Weidetierhalter werden mit der zunehmenden Wolfspopulation erhebliche Probleme bekommen. Das genetische Erbe, das der Wolf an unsere Hütehunde weitergegeben hat, ist andererseits ein Juwel, das wir nicht hoch genug einschätzen können. Unsere Hütehunde bringen uns vieles der verloren gegangenen Natur, wieder reichlich zurück.

Wie sein Stammvater, der Wolf, war und ist der Hund nach wie vor ein Raubtier. Jagdinstinkt, Beuteerwerb, territoriale Verteidigungsbereitschaft und ausgeprägte Sozialstruktur sind Eigenschaften, die auch unsere heutigen Hütehunde noch weitgehend besitzen. Die spezielle Beziehung zwischen Mensch und Hund, wie sie heute vielfach zu beobachten ist, ist ein Produkt der Domestikation, die sich erst über einen längeren Zeitraum entwickelt hat. Hunde dienten anfänglich wohl zumeist als Jagdhelfer und Bereicherung des Wohnumfelds. Sie waren aber teilweise auch Fleisch- und Felllieferanten für die Menschen. Von Rassehunden im heutigen Sinn kann anfänglich lange nicht gesprochen werden. Es wird sehr viel Zeit vergangen sein, bis aus dem gezähmten Wildling ein Hund wurde, den man auch für die Arbeit an anderen Haustieren gebrauchen konnte. Der angewölfte – also der angeborene – Trieb zur selbstständigen Nahrungsbeschaffung wird wohl das größte Hindernis dabei gewesen sein.

Die Domestikation im Allgemeinen führt in der Regel zu Veränderungen im Körperbau, der Farbgebung, der Abnahme des Hirnvolumens und zur Veränderung der Sinnesleistungen.

Bei der Entwicklung von körperlichen und geistigen Merkmalen ist im Laufe der Domestikation in der Regel eine **Verjugendlichung** zu beobachten. Der wissenschaftliche Ausdruck hierfür ist **„Fetalisation"**. Das heißt, dass die Verhaltens- und körperliche Entwicklung im Vergleich zum Wildtier in einem jugendlichen Stadium stehengeblieben, fetalisiert, ist.

Fetalisiert, also in einem frühen Stadium des Erwachsenwerdens stehengeblieben, sind viele Eigenschaften unserer domestizierten Tiere. Sie haben dabei bestimmte Funktionen weitgehend verloren oder sind gezielt

Hütehunde sind meist auch gute Reitbegleiter

vom Menschen in einer verjugendlichten Form bevorzugt worden. Das bedeutet, dass sie durch züchterische Maßnahmen selektiert, bzw. geformt worden sind. Für die Mehrzahl unserer Hunde bedeutet dies, dass sie auf einem jugendlichen Verhaltensstadium des Wolfes stehengeblieben sind.

Welches Ausmaß die Fetalisation und anderweitige züchterische Einwirkungen bei manchen Hunderassen angenommen hat, wird leider auch an bestimmten körperlichen und geistigen Gebrechen offensichtlich: kurze Köpfe, die mit erheblichen Atembeschwerden einhergehen. Beinstellungen, die alles andere als Lauffreudigkeit ermöglichen. Ein angezüchtetes Haarkleid, dass nur mit intensiver Pflege durch den Hundehalter ein entsprechendes Wohlbefinden des Hundes ermöglicht. Fortpflanzungsgebrechen, Verhaltensauffälligkeiten und vieles mehr – eine Auflistung, die man beliebig fortführen könnte. Die Domestikation bewirkt vielfach auch eine Veränderung der Körpergröße. Kleine und zierliche Zwerghunde, die auch als **Schoßhunde** bezeichnen werden, sind ein bekanntes Beispiel. Kleinwüchsige Hunde kommen auch bei der Hütearbeit zum Einsatz. Die Veranlagung derartiger Hunde zum Fersenbiss (engl. „heel" = Ferse) verschafft ihnen auch beim Großvieh ausreichend Respekt.

Um diese Verjugendlichung auch bei unseren Hunden besser zu verstehen, brauchen wir eigentlich nur das Verhal-

Der Bearded Collie ist ein robuster Treibhund mit vielseitigen Einsatzmöglichkeiten.

Ein Bearded Collie, der noch im ursprünglich harschen, nicht zu langen Fell seine Arbeit verrichtet.

ten der Welpen und Junghunde einmal näher beobachten. Welpen schlafen im engen Kontakt miteinander. Sie fressen und spielen ebenfalls relativ gerne in Körpernähe. Mit zunehmendem Alter werden sie dann auch zunehmend selbstständiger. Diese Selbstständigkeit macht sich auch in der Wahrung einer gewissen Individualdistanz bemerkbar. Allein aus dieser Beobachtung wird ersichtlich, dass es auch bei unseren erwachsenen Hunden diesbezügliche, unterschiedliche Verhaltensmuster geben muss. Vom anschmiegsamen, infantilen Kuschelhund bis hin zum selbständigen und auf Distanz bedachten Vierbeiner, in allen denkbaren Übergangsformen ist dabei alles zu finden. Dass ein Hund, der in seiner Genetik stark verjugendlicht ist, anders behandelt werden muss als einer, der eher der ursprünglichen Art entspricht, sollte uns dabei immer bewusst sein. Ein im Welpenstadium verharrender Hund wird kuscheln, spielen und Futter-Belohnung anders wahrnehmen als ein auf seine ursprüngliche Eignung hin gezüchteter Hund. Die meisten unserer Hütehunde werden hier zu letzteren gehören. Wie sich dieser Grad der Verjugendlichung auch auf die Umgangsanforderungen auswirkt wird im Laufe dieses Buches noch weiter beschrieben werden.

Unsere heutigen Gebrauchshunde haben zum Glück noch einen Großteil ihrer ursprünglichen Eigenschaften vorzuweisen. Man kann hier auch von einer gewissen **Instinktsicherheit** sprechen. Dominanzgebaren, Fortpflanzung, Jungtieraufzucht, Robustheit und Intelligenz sind noch vorwiegend von der Wildform erhalten geblieben. Aber auch hier wurde von einer durch die Domestikation bedingten Tendenz zu einer partiellen Fetalisation Gebrauch gemacht. Die Verknüpfung von Jagen, Töten und Fressen der Beute erfolgte relativ spät in der Entwicklung der Wolfsnachzucht und lässt sich daher durch gezielte Züchtung relativ gut beeinflussen. Dies sollte jedoch nicht zu dem Trugschluss verleiten, dass unsere Hunde diese Eigenschaften nicht mehr abrufen können.

Grundsätzlich sollte man aber wissen, dass Eigenschaften – körperliche und geistige –, die in der genetischen Eigenheit der Wildform vorhanden sind, immer wieder zum Vorschein kommen.

Eine Rückzüchtung von Eigenschaften ist deshalb wesentlich schneller zu erreichen als eine Neuanzüchtung. Wenn Nutztiere ausbrechen oder Hunde einige Zeit in der Wildnis leben, können sich viele unserer sogenannten Haustiere wieder relativ gut in der Natur zurechtfinden. Bei den meisten Hunden ist auch die Veranlagung zum Töten noch in ihren Genen vorhanden!

Frühe Darstellungen von Gebrauchshunden zeigen meist jagdliche Begebenheiten und seltener den Hund als Helfer in der Landwirtschaft. Die frühe Bewirtschaftung der Felder ging bestimmt auch nach und nach mit der vermehrten Haltung von Nutzvieh einher. Je grösser die Viehherden wurden, um so stärker mussten sie gegen die vielfältigen Beutegreifer geschützt werden. Auch menschliche Angreifer und Viehdiebe mussten abgewehrt werden. Irgendwann müssen die Hirten dann bemerkt haben, dass bestimmte, schnellfüßige und verteidigungsbereite Hunde für sie eine große Hilfe darstellen.

Dieser Corgi zeigt auf Anhieb, dass er auch das Schafehüten lernen kann.

Erste Hirtengebrauchshunde haben im Wesen wohl eher unseren heutigen Herdenschutzhunden entsprochen.

Für die Hirtentätigkeiten wurden dann auch vermehrt Hunde als Helfer verwendet. Man hatte bemerkt, dass sie umso wertvoller wurden, je besser man sie selektierte, erzog und trainierte. Zahlreiche Darstellungen aus dieser Epoche zeigen, wie Mensch, Nutzvieh und Hund gemeinsam im Einsatz sind.

Je mehr Weidewechsel und Umtriebe auf relativ beschränkten Flächen notwendig wurden, umso führiger und beweglicher mussten die Hirtenhunde werden. Jetzt beginnt eigentlich die Zeit, in der unsere heutigen **Hütespezialisten** züchterisch selektiert wurden. In Mitteleuropa kann man davon ausgehen, dass diese intensive Selektion vom 18. Jahrhundert an stattgefunden hat. Brachland und Teile der bisherigen Hutungen wurden für den Anbau von Feldfrüchten benötigt. Nutzvieh wurde auf abgeernteten Feldern gehütet und durfte auf benachbarten Feldern keinen Schaden hinterlassen. Beim Umtreiben musste die Herde auf schmalen, grasbewachsenen Feldwegen in die Länge gezogen werden. Die Hunde sorgten dann auf beiden Seiten des Weges dafür, dass an den angrenzenden Feldern kein Schaden entstand. Aufgrund dieser Aufgabenstellung hat sich ein Hütehund entwickelt, der in den weiteren Ausführungen als **Furchengänger (FuG)** bezeichnet wird. Ausdauer, Eigenständigkeit und besondere Robustheit waren die gefragten Eigenschaften dieser Hunde. Neben den auf begrenzten Flächen agierenden Hüteschäfern wird jetzt auch von Wanderhirten berichtet. Für die größer werdenden Schafherden mussten Weidemöglichkeiten für die Winterzeit gefunden werden. Gute Hunde wurden für den Herdenzug benötigt, um von der Sommerweide in Flusstäler und wärmere, fruchtbare und tiefer gelegene Ebenen zu gelangen. In Süddeutschland gibt es trotz zunehmender Erschwernisse auch heute noch Schafhalter, die man als sogenannte „Wanderschäfer" bezeichnen kann.

Für größer werdende Siedlungen und Städte mussten für die Fleischversorgung Tiere zu den Märkten getrieben werden. Viehhändler, Metzger oder auch Landwirte trieben vom Altertum an bis zum Beginn des letzten Jahrhunderts Schlachtvieh, aber auch Zuchtvieh, auf langen Märschen zu den Märkten. **Treibhunde**, wie der Rottweiler, die Schweizer Sennenhunde, der Bouvier des Flanderes, um nur einige zu nennen, waren Spezialisten für derartige Aufgaben.

Erst nachdem man Tiere in eingezäunten Weiden halten konnte, kamen wehrhafte und körperlich robuste Hunde weniger zum Einsatz. Heute spricht man bei eingezäunten Weiden von einer **Koppelschafhaltung**. Für diese Haltungsform sind Hunde wie der Border Collie (BOC) oder der Kelpie, die im weiterem Verlauf auch als **Bogenläufer (BoL)** bezeichnet werden, besonders

Eine Art verbindende Kommunikation wird in dieser Gemeinschaft den Alltag bestimmt haben.

geeignet. Diese speziellen Bogenläufer wurden auf dem europäischen Festland – in Kontinentaleuropa, wie die Briten es bezeichnen – erst ab Mitte des 20. Jahrhunderts vermehrt bekannt gemacht. Besonders auf den Almen und in der Koppelhaltung wurden Hunde für das selbstständige Einholen und Umtreiben von Vieh benötigt. Hierzu gehören auch Hunde, die als **Semibogenläufer** bezeichnet werden können. Einige der Sennenhunde-Rassen – der kleine, trittsichere Berger des Pyrénées, und der britische Bearded Collie, um nur wenige zu nennen – können hier aufgeführt werden.

Inzwischen ist ein Großteil unserer Hütehunde auch im Familien-, Begleit- oder Sporthundebereich zu finden.

Ihre besonderen Charaktereigenschaften, ihre herausragende Intelligenz und ihr attraktives Äußeres sind die Gründe für ihre Beliebtheit. Nach aktuellem Trend, wird ihre Zahl für diese Bereiche sogar stetig weiter steigen. Wenn diese Hunde nicht wegen der Hütefähigkeit angeschafft werden, dann kann der Hütetrieb schon einiges an Kopfzerbrechen bereiten. Aber sehen wir es zunächst einmal positiv. Ein Hütehund muss, um überhaupt von Menschen kontrollierbar zu sein, viele gute Eigenschaften besitzen. Er muss vor allem einen starken Willen zu dienen und zu gehorchen mitbringen. Er muss relativ intelligent sein, damit er auch ohne allzuviel Kommando-Einwirkung seine Arbeit verrichten kann. Außerdem ist er körperlich überdurchschnittlich leistungsfähig, robust und pflegeleicht. Das sind doch eigentlich alles Eigenschaften, die wir an unseren Hütehunden so besonders schätzen. Und gerade wegen dieser Merkmale haben Sie sich für einen Hütehund als Partner entschieden.

Was man als Hütehundebesitzer wissen muss, auch wenn der Hund nicht als Arbeitshund benötigt wird, ist eines

meiner vorrangigen Anliegen für die Gestaltung dieses Buches.
Können diese Hunde auch ohne Hüteeinsatz harmonisch in den Familienalltag integriert werden? Müssen sie wirklich immer intensivst beschäftigt werden? Müssen alle möglichen Spielvarianten für deren Auslastung und Zufriedenheit sorgen, damit sie nicht unglücklich werden? Wie muss man mit ihnen umgehen, wenn sie tatsächlich als Arbeitshunde benötigt werden? All diese Fragen werde ich aus meiner Sicht beantworten, soweit es der Umfang dieses Buches erlaubt.

Die Entwicklung vom Wolf bis zu unseren heutigen hochspezialisierten **Nutzviehgebrauchshunden** (NGH) könnte man im Sinne der Darwin`schen Evolutionstheorie „Survival of the fittest" mit dem Überleben der am besten Geeigneten umschreiben. Nur war für unsere Hunde weniger die natürliche Selektion der in der Natur üblichen Geschehnisse verantwortlich, sondern sie wurden vorwiegend von Menschenhand selektiert und entsprechend gezüchtet. Selektiert wurden hütetaugliche Hunde vor allem von den in der Landwirtschaft tätigen sogenannten „Gemeindehirten". Diese Hunde, die man auch heute noch mit dem Sammelbegriff **Hirtenhunde** bezeichnen kann, haben sich dann im Laufe der Zeit zu unseren bekannten Hütespezialisten entwickelt.

Dieser Altdeutsche Gelbbacke hat beste Veranlagung für die Furchenarbeit.

Gebrauchshunde für die Arbeit am Vieh und gebräuchliche Fachbegriffe

In der momentan gängigen Literatur über Hütehunde wird in der Regel zwischen Hüte- und Treibhunden unterschieden. Da aber die Aufgabenbereiche dieser Hunde mit teilweise sehr unterschiedlichen Anforderungen und auch Ausprägungen im Temperament belegt sind, werde ich noch weitere Unterscheidungen vornehmen. Die Erklärung der für die Thematik „Hütehunde" gebräuchlichen Fachausdrücke sollen dem Familien- wie auch den Gebrauchshundebesitzer helfen, ihren Hütehunde besser zu verstehen.

<table>
<tr><th colspan="5">Hütespezialisten (Abb. 1)</th></tr>
<tr><td>Furchen-gänger
(FuG)</td><td>Bogen-läufer
(BoL)</td><td>Nutzviehtreibhund (laut/lautlos)
(NTH)</td><td>Herden-schutzhund
(HSH)</td><td>Hofhund-Familienhund
(HFH)</td></tr>
<tr><td colspan="5">im Einsatz als:</td></tr>
<tr><td>Hüte-gebrauchs-hunde
(HGH)</td><td>Koppel-gebrauchs-hunde
(KGH)</td><td>Rinder-gebrauchs-hunde
(RGH)</td><td colspan="2">Geflügel-gebrauchs-hunde
(GFG)</td></tr>
</table>

Aus den ursprünglichen Hirtenhunden haben sich unsere heutigen Hütespezialisten mit unterschiedlichen Eigenschaften und Aufgabenbereichen entwickelt. Die Zusammenhänge zwischen Hüteeignung und Einsatzanforderung wird im Laufe der folgenden Abhandlungen noch weiter vertieft.

Begriff Hüten/Hütehunde allgemein

Der umgangssprachliche Begriff „Hütehunde" (HH) umfasst als Sammelbegriff diejenigen Gebrauchshunde, die – unabhängig von ihren speziellen Eigenschaften – für die Arbeit am Vieh geeignet sind. Die Mehrheit der Hütehunde wird heute als Begleittiere oder der Schönheit halber gehalten. Sie konkurrieren auf Schauen oder kommen in einer Vielzahl von Hundesportarten zum Einsatz. Da das Wort „Hütehunde" im Verlauf dieses Buches sehr oft zu lesen sein wird, werde ich das **„Kürzel HH"** gelegentlich verwenden.

Die begriffliche Einteilung in verschiedene Arbeitsgruppen wird teilweise regional oder auch bei verschieden Organisationen unterschiedlich gehandhabt. Die nachfolgende Ausführung soll besonders den Ersthundebesitzern helfen, die hierfür gebräuchlichen Fachbegriffe kennen und verstehen zu lernen.

Unter der Wortherkunft **Hüten** findet man das seit dem 9. Jahrhundert belegte althochdeutsche Wort **huoten**. Es wird mit einer Reihe Umschreibungen wie Bewahren, Beschützen, Achthaben, Beaufsichtigen, Bewachen, Zuschauen, Beobachten oder Schützen vor drohender Schädigung belegt. Das englische Wort „to heed" wird ebenfalls daraus hergeleitet. Der Ausdruck „die Hut" wird auch heute noch für alles, was mit der Beaufsichtigung von Tieren im Freien zu tun hat, verwendet.

Im deutschen Sprachgebrauch versteht man in der Landwirtschaft unter dem Wort „Hüten" das traditionelle Behüten einer grasenden Schafherde. Die Herde wird dabei beaufsichtigt und beobachtet, damit die Tiere satt werden und dabei auch an fremdem Eigentum keinen Schaden verursachen. In Österreich wird hierfür vielfach auch der Ausdruck „Behirtung" verwendet.

Rasseneinteilung verschiedener Zuchtorganisationen

Der größte kynologische international agierende Dachverband in Europa ist die Fédération Cynologique Internationale (FCI). Dieser Verband befasst sich unter anderem mit der Einteilung der Hunderassen in Gruppen und Sektionen und legt auch deren Zucht und Rassestandards fest.

Unter den in der Welt vorhandenen mehr als 400 Hunderassen hat die FCI etwas mehr als 300 Rassen registriert. Davon werden ungefähr 70 als Hirten-, Treib- und Hütehunde geführt. Alle diese Hunderassen werden in zehn FCI-Gruppen mit entsprechenden Sektionen als Untergruppen eingeteilt. Die für die Arbeit am Vieh benötigten Gebrauchshunde sind vorwiegend in Gruppe 1 und 2 zu finden. Unterschieden wird dabei zwischen Hütehunden bzw. Schäferhunden, Treibhunden und Hirten- bzw. heute als Herdenschutzhunde bekannten Rassen.

FCI Rasseneinteilung (Abb. 2)
FCI Gruppe 1: Hüte- und Treibhunde (momentan 43 Rassen)
FCI Gruppe 2: unterteilt in 3 Sektionen Sektion 1: Pinscher, Schnauzer Sektion 2: Molosser Sektion 3: Schweizer Sennenhunde (Appenzeller/Entlebucher/Berner und Großer Schweizer Sennenhund)

Außerdem ist der **Kennel Club (KC)** mit mehreren nationalen Dachverbänden auch eine international organisierte Organisation.

Eine weitere, international vernetzt agierende Organisation, die sich ausschließlich dem Erhalt und der Förderung bestimmter Hütehunde und deren Arbeitsvermögen widmet, ist die „International Sheep Dog Society" **(ISDS)**.

Eine in der jüngeren Vergangenheit (1989) gegründete Organisation zur Erhaltung der zum Teil vom Aussterben

Dieser junge Pyrenäen Schäferhund ist sehr temperamentvoll und wendig. Er ist auch für Agility und andere Sportarten gut geeignet.

bedrohten Hunderassen und Hundeschlägen ist die „Arbeitsgemeinschaft zur Zucht Altdeutscher Hütehunde" **(AAH)**. Bei den in dieser Organisation betreuten Hunderassen wird vor allem Wert auf den Erhalt der Rasse gelegt und auf deren besondere Hütetauglichkeit, wie Hütetrieb, Wesen, Robustheit, Gesundheit und Arbeitsausdauer an der Herde.

Einteilung in Arbeitsgruppen

Als Sammelbegriff für Hunde, die in irgendeiner Weise für die Arbeit an Nutztieren zum Einsatz kommen, wird in diesem Buch die Bezeichnung „Nutzvieh-Gebrauchshund" (NGH) verwendet. In anderen Publikationen wird hierfür teilweise der Begriff „Herdengebrauchshund" angeführt. Dabei ist zu bedenken, dass der Einsatz dieser Hunde sich nicht immer auf Viehherden beschränken wird. Der Begriff „Herdenhunde" wurde in der Vergangenheit mit den homogenen Schafherden der Wanderschäfer in Verbindung gebracht. Inzwischen hat sich in Kontinentaleuropa die Schafhaltung mehrheitlich zur Koppelhaltung hin entwickelt. In Großbritannien und vielen außereuropäischen Ländern spielt die Hüteschäferei schon lange keine Rolle mehr. Auf großflächigem, teilweise unübersichtlichem Gelände sind Nutztiere aller Gattungen in vielfach großer Stückzahl anzutreffen. Dem Einsammeln und Umtreiben der Tiere von derartigen Flächen entsprechen Belange, wie sie auch für unsere Koppelschafhaltung zutreffen.

Die umgangssprachliche Sammelbezeichnung **Hütehund** für alles, was mit der Arbeit am Vieh in Verbindung zu bringen ist, wird weiterhin auch in diesem Buch Verwendung finden. Die Begriffsbestimmung **Hüten** (Beaufsichtigen/Beschützen) würde auch die Arbeit des Herdenschutzhundes mit einbeziehen. In unseren Breiten wird das Hüten von Nutztieren in der Zusammenarbeit von Schäfer und Hunden verstanden. Herdenschutzhunde (HSH) sollten, um Verwechslungen zu vermeiden, deshalb begrifflich nicht unbedingt mit der Bezeichnung „Hütehund" in Verbindung gebracht werden. Da einige Rassen, die momentan vorwiegend als HSH Verwendung finden, in manchen Ländern teilweise aber auch als Treibhunde zum Einsatz kommen, muss hier entsprechend differenziert werden.

Betriebsstrukturen und deren gebräuchliche Aufgabengebiete

Wie aus Abb. 1 ersichtlich wird die Hilfestellung unsere Hütespezialisten, sprich **Nutzvieh-Gebrauchshunde (NGH)**, in verschiedenen Betriebsstrukturen für unterschiedliche Aufgabenstellungen benötigt. Nachfolgend werden verschiedene Arbeitsgruppen gelistet und im weiteren Verlauf dieses Buches unter diesen Bezeichnungen abgehandelt.

Gebrauchshunde für unterschiedliche Aufgabenbereiche (Abb. 3)

- Hüte-Gebrauchshunde **(HGH)**
- Koppel-Gebrauchshunde **(KGH)**
- Rinder-Gebrauchshunde **(RGH)**
- Geflügel-Gebrauchshunde **(GGH)**

Die Aufgabenbereiche für Gebrauchshunde in der Landwirtschaft sind sehr vielfältig. NGH werden für unterschiedliche Weidesysteme, Aufgabenstellungen und Tiergattungen benötigt. Für die Behirtung von Weideflächen ohne Umzäunung, für Arbeiten in der Koppelhaltung oder aber auch in Bergregionen und im Alpenraum bei der Almbewirtschaftung. Im Hof- und Stallbereich müssen ebenfalls Tiere umgetrieben oder verladen werden. Arbeiten auf engstem Raum, teilweise mit Einzeltieren sowie auch mit großen Tierherden. Alles Aufgabenbereiche, bei denen unsere Hunde dringend benötigt werden. Die Gebrauchshunde, die für verschiedene Aufgabenstellungen in der Landwirtschaft benötigt werden können mit folgenden Bezeichnungen umschrieben werden:

Hunde mit unterschiedlicher Arbeitseignung (Abb. 4)

- Furchengänger **(FuG)**
- Bogenläufer **(BoL)**
- Nutzvieh-Treibhund **(NTH)**
- Herdenschutzhund **(HSH)**

Herdenschutzhunde demonstrieren alleine schon durch ihre Größe, dass mit ihnen nicht zu spaßen ist.

Genetische Veranlagung von Hunden in Bezug auf die Hüte- und Alltagstauglichkeit

Das Wissen über unterschiedliche Wesensmerkmale und körperliche Eigenschaften von Hunden ist besonders für den Ersthundebesitzer eine unentbehrliche Voraussetzung. Was sind meine Anforderungen? Welcher Hundetyp passt zu meiner Persönlichkeit und meinen Verhältnissen? Dies sind grundlegende Fragen, die vor der Anschaffung eines Hundes geklärt werden sollten.

Alle unsere Hunde können mit einer Gebrauchs- oder auch Gesellschaftsfunktion als mögliche Partner für uns Menschen in Erscheinung treten. Fast jeder Hund ist neben seiner spezialisierten Hauptaufgabe für seinen Besitzer auch ein Begleiter, der in allen möglichen Bereichen Verwendung findet. Ihre genetische Vielfalt spiegelt sich auch in unterschiedlichen Wesenszügen wider. Das Erkunden der rassespezifischen Eigenheiten wird deshalb eine Voraussetzung sein, um eine artgerechte Erziehung und Haltung zu ermöglichen.

Ein Tierwirt wird sich als erstes entscheiden müssen, ob ein **Furchengänger** oder ein **Bogenläufer** benötigt wird. Der Rinderhalter könnte unter gewissen Umständen auch mit einem **Treibhund** am besten bedient sein. Geflügel- und weitere Kleintierhalter werden meist einen wendigen und gefühlvollen Bogenläufer benötigen. Wird der Hund mehr zum Schutz, dem Abwehren von Wölfen oder anderen Bedrohungen benötigt, ist ein Hund mit entsprechenden **Schutzhunde-Eigenschaften** gefragt. Auch für die Bewachung der Hofstelle werden Hunde bevorzugt, die durch

Auch Bogenläufer können seitlich an einer Herde zum Einsatz kommen.

Ein Hüteseminar mit abschließendem Hütewettbewerb an Limousin-Jungrindern auf unserem Betrieb.

Bellen auf fremdartige Vorkommnisse im Hofbereich aufmerksam machen. Nicht zuletzt wird auch in der Landwirtsfamilie ein freundlicher Familienhund immer willkommen sein. Speziell für das Anzeigen von gesundheitlich relevanten Aufgaben ausgebildete Hunde können auch in dieser Kategorie zu finden sein. Unter den letztgenannten Varianten sind oft Hunde, die auch bei der Arbeit am Vieh hervorragend einsetzbar sind.

Im Familienhundebereich ist, einmal von kurzfristigen Zufallsentscheidungen abgesehen, die erste Überlegung im Normalfall die **Rasseentscheidung**. Dabei werden die Größe, das Aussehen und bestimmte rassespezifische Eigenheiten Berücksichtigung finden. In vielen Fällen werden auch gewisse Prestige-Gesichtspunkte, teilweise unbewusst, eine Rolle spielen. Die Wahl eines gutaussehenden, imposanten, vielleicht auch etwas verwegen erscheinenden Begleiters, kann bei der Entscheidung für eine bestimmte Rasse ein Kriterium sein. Beim durchschnittlichen Familienhund werden meist Rassen der mittleren Größe in die engere Auswahl kommen. Wenn es mehr in Richtung Schoßhund gehen soll, dann werden kleinere Rassen den Vorzug bekommen. Unter den verschiedenen Hütehunderassen gibt es bekanntlich eine reichliche Auswahl im Rassenspektrum, besonders im Hinblick auf die Größenverhältnisse. Die größere Variante kann im Familienumfeld durchaus friedlich und freundlich in Erscheinung treten. Die Tatsache, dass Hunde mit ausgeprägtem Schutz- und Kampftrieb besonders erfahrene Hundeführer benötigen, sollte uns immer bewusst sein.

Die Domestikation vom Wolf bis hin zu unseren heutigen Hunderassen basiert auf einer Vielzahl von Eigenschaften, die in der Wildform der Kaniden zum Überleben erforderlich sind. Dominanzgebaren und verschiedene Wesensmerkmale wie zum Beispiel Draufgängertum oder Sensibilität sind in der Wildform mit Sicherheit ebenfalls vorhanden. Durch die Zucht konnten dabei bestimmte Merkmale unserer Hunden speziell gefestigt werden. Hier einige Beispiele:

- der Wachhund, der durch Bellen oder körperliche Einwirkung den Menschen beschützt
- der Schutzhund, der die Herde und den Menschen beschützt
- der Jagdhund mit seiner besonderen Spürnase
- der Vorstehhund, der die Lage der Beute anzeigt
- der Windhund, der durch seine Schnelligkeit und Wendigkeit ein sehr erfolgreicher Jäger ist
- der besonders freundliche Familienhund, dem man auch Kinder als Spielgefährten anvertrauen kann
- und natürlich nicht zu vergessen der „Hütehund“, wie er in all seinen Varianten in diesem Buch beschrieben wird.

Alle diese Eigenschaften sind bei unseren Hunden in irgendeiner Form mehr oder weniger vorhanden. Unsere ursprünglichen NGH sind vielfach instinktsichere Hunde, die noch eine Vielzahl der Eigenschaften der Wildform besitzen. Wird der Hund nicht für die Arbeit am Vieh benötigt, dann können aus der Arbeitsveranlagung dieser Gebrauchshunde, die nachfolgend beschrieben wird, auch entsprechende Überlegungen für die anderweitige Eignung dieser Hunde angestellt werden.

Britische Hütehunde werden gerne mit einem üppigen Haarkleid gezüchtet.

Der Furchengänger (FuG) wird von verschiedenen Fachleuten oftmals auch als einzig fähiger Hütegebrauchshund (HGH) angesehen.

Dieser Hund wird vor allem bei der Hüteschäferei benötigt. Das Arbeitssystem wird bei der FCI auch als **Traditional Style** bezeichnet. Er muss eine natürliche Veranlagung für das Wehren von Weidegrenzen in seiner Genetik verankert haben. Ein gewisser Hetz- und Schutztrieb wird ebenfalls – mehr oder weniger ausgeprägt – vorhanden sein. Die Tendenz, gerade auf das Vieh zuzugehen, ist bei diesen Hunden in der Regel gegeben. Dieser Hundetyp entwickelte sich aus den ursprünglich vorhandenen verwegenen Treibhunden. Führige und sensible Hunde wurden zunehmend für die Hütearbeit in der Kulturlandschaft benötigt. Furchengänger wie Altdeutsche Hütehunde oder Deutsche Schäferhunde haben einen leicht gestreckten Körperbau, der sie als besondere **Langstreckenläufer** auszeichnet. Der gut veranlagte Furchengänger wird eine natürliche Tendenz zum Ablaufen von Grenzen beziehungsweise Hin- und Herlaufen in vorgegebenen Furchen in seinen Genen verankert haben. Werden diese Hunde als Familienhunde gehalten, dann wird sich diese Veranlagung im spontanen Ablaufen von Gartenzäunen und sogar auch von Menschenansammlungen bemerkbar machen. Zu beachten ist außerdem, dass viele dieser Hunde auch einen gewissen Anteil an Schutzhundegenen in sich tragen. Das heißt: Das Schutzverhalten ist primär auf sein zu bewachendes Territorium und natürlich dabei auch auf seine Rudelgefährten ausgerichtet.

Dieser Welsh Corgi hat seine Hüte- und Treibhundfähigkeiten bis heute nicht eingebüßt.

Der Bogenläufer (BoL) wird vielfach auch als Koppel-Gebrauchshund (KGH) bezeichnet.

Diese Bezeichnung begründet sich durch das Betriebssystem, in dem der Bogenläufer in unseren Breiten vorwiegend eingesetzt wird. Nutzvieh, das in der Weidehaltung, durch feste Zäune eingekoppelt ist, wird vorwiegend von derart veranlagten Hunden umgetrieben. Das Arbeitssystem, für das der Bogenläufer überwiegend ausgebildet wird, wird bei der FCI auch als **Collecting Style** bezeichnet, da diese Hunde vor allem für das Treiben und Einholen verschiedener Nutztiere benötigt werden. Bei diesen Hunden gibt es eine Vielzahl geforderter Eigenschaften wie Schnelligkeit, Wendigkeit und besondere Lernfähigkeit. Bogenläufer arbeiten in der Regel lautlos. Es gibt aber auch Sonderformen, die durch lautes Bellen das Weidevieh vor sich hertreiben. Die Veranlagung, das Vieh bei der Arbeit zu umrunden, ist bei diesem Hundetyp meistens vorhanden. Dieser Instinkt basiert auf dem angeborenen Trieb, flüchtende Tiere zu überholen, zu stoppen und zum Tierhalter zurück zubringen. Im englischem Sprachgebrauch bezeichnet man diese Hunde als „heading dogs". Typische Bogenläufer wie Border Collies und Kelpies sind eher spurtfreudige Hunde, die in der Rückhand teilweise auch leicht überbaut sind. Man könnte sie auch in die Kategorie **Sprinter** einordnen. Die Arbeitshaltung – gesenkter Kopf und eingezogene Rute – ist besonders bei diesen beiden Rassen vielfach zu beobachten. Diese spezielle Rutenhaltung ist bei ihnen ein Zeichen der Konzentration und hat in der Regel weniger mit Angstverhalten zu tun.

Hütewettbewerb in Frankreich: Auch unsere beiden jüngsten Kinder nebst unseren Hunden Jaff und Eska durften bei der Preisverleihung dieser Europameisterschaft mit dabei sein.

Manch andere Hunderassen könnten auch als **Semibogenläufer** bezeichnet werden. So werden in Großbritannien (GB) oftmals Bearded Collies als Bogenläufer zum Einsatz kommen. In Frankreich sind auch die kleinen Berger des Pyrénées für den Bogenlauf als gut geeignet anzutreffen. Das natürlich vorhandene Bestreben, Nutzvieh im Bogen einzukreisen, spiegelt auch das entsprechende Wesen dieser Hunde wieder. Besonders sensible Hunde werden Tiere in weiterem Bogen umrunden als der Draufgängertyp.

Im Familienhundebereich kann diese Veranlagung, alles, was sich bewegt zu umkreisen, ein Problemfeld bedeuten, das beachtet werden muss. Der Griff sollte bei diesen Hunden im Privatbereich weniger zu beobachten sein. Das schließt aber nicht aus, dass leichtes Zwicken auch beim Menschen im Fußbereich versucht wird. Eine Eigenschaft,

Bei dieser Hütevorführung müssen fünf unserer Hunde ihre Eignung an Gänsen und Schafen demonstrieren.

die bei Bogenläufern wie zum Beispiel dem Border Collie besonders ausgeprägt ist, ist der **Wille zu gefallen** – im englischen Sprachgebrauch bekannt als **„the will to please“**. Das heißt, sie möchten es uns immer recht machen und sind dadurch besonders aufgeschlossen, etwas Neues zu erlernen.

Der Nutzvieh-Treibhund (NTH), bringt vor allem Großvieh zusammen mit seinem Hundeführer in Bewegung.

Hier sind es oft besonders durchsetzungsfähige und kräftige Hunde, die vielfach im Nahbereich zum Einsatz kommen. Die Art zu arbeiten unterscheidet sich von den bisher beschriebenen Hütehunden. Erhobener Kopf und Rute, teilweise auch bellend mit gezieltem Zwicken wird bei ihnen vielfach zu beobachten sein. Ihre Stärke ist eine körperliche Präsenz und weniger die für andere Arbeiten benötigte Führigkeit. Es sind jedoch auch kleinere und wendige Hunderassen in dieser Kategorie zu finden, die sich nach dem Griff in die Ferse schnell abducken können. Treibhunde wurden jahrhundertelang zum Treiben von Viehherden zu Märkten oder zu Weidegründen abseits der Wohnsiedlungen gebraucht. Bei diesen Hunden ist eine große Variation von Wesensmerkmalen und Arbeitseigenschaften zu beobachten. So wurden sie in der Vergangenheit im landwirtschaftlichen Alltag neben der Treibarbeit auch als Hof- und Zughunde eingesetzt. Da sie auch beim Umtreiben von Vieh in den Schlachthöfen verwendet wurden, ist der Begriff „Metzgerhund“ eine bekannte Bezeichnung. Aber auch für Hunde, die für den Verzehr durch den Menschen gedacht waren, könnte er verwendet worden sein. Ein Begriff also, dessen Bedeutung nicht mit Sicherheit geklärt ist.

Zum Rindertreiben ist die Hilfe mehrerer Hütehunde hilfreich.

Treibhunde sollte man als eine relativ ursprüngliche, den frühen Hirtenhunde-Schlägen zugehörige Ausgabe unserer Hütehunde verstehen. Erst durch den Einsatz von motorgetriebenen Transportfahrzeugen verloren diese Hunde ihr ursprüngliches Einsatzgebiet. Unter den Treibhunden gibt es lautlos arbeitende Hunde, aber auch relativ bellfreudige Varianten. Auch ist bei den Nutztier-Treibhunden eine relativ starke Schutzhundeveranlagung zu beobachten. Der Umgang und die Ausbildung verlangen einen Hundeführer mit ausgeprägten Führungsqualitäten. Im Schutzhundebereich würde man von einem artorientierten Durchsetzungsvermögen sprechen. Da unter den Treibhunden, abhängig von Rasse und Wesensveranlagung, eine große Bandbreite vorhanden ist, wird so mancher von ihnen auch unter den Familienhunden zu finden sein. Inwieweit gewisse Treibhunde auch für Hundeanfänger geeignet sind, sollte aber vor deren Anschaffung gründlich überdacht werden!

Der Herdenschutzhund (HSH) wird vor allem zum Abwehren von Beutegreifern wie Wölfen, aber auch gegen menschliche Eindringlinge benötigt.

Auch wenn im Allgemeinen einige dieser Rassen nicht unbedingt als besonders aggressiv zu bezeichnen sind, reichen die beeindruckende Körpergröße und das tiefe Bellen aus, um mögliche „Feinde" in die Flucht zu schlagen. Erziehungsversuche für die klassische Hütearbeit sind bei einigen der heute verwendeten Hundeschläge in der Regel nicht erfolgversprechend. HSH sind intelligente und souveräne Hunde mit relativ gering ausgeprägtem Jagdtrieb. Sie sind ausgesprochen territorial orientiert und mit dem Ziel gezüchtet worden, Eindringlinge fernzuhalten und, wenn nötig, auch unschädlich zu machen. Für die Hüte- und Treibarbeit sind sie, mit einigen Ausnahmen, weniger geeignet. Durch das vermehrte Vorkommen von Raubtieren wird deren

Einsatz aber zunehmend in Erwägung gezogen. Der Besitzer derartiger Hunde muss sich seiner besonderen Verantwortung bewusst sein und die Risiken kennen, die mit ihrem Einsatz entstehen können.

Diese bis jetzt beschriebenen Arbeitstypen – Bogenläufer, Furchengänger, Treibhunde und Herdenschutzhunde – werden der Einfachheit halber auch im weiteren Verlauf dieses Buches als „Hütehunde“ (HH) bezeichnet. Die Vorfahren dieser Hunde sind aus den im Mittelalter verwendeten Hirtenhunden herangezüchtet worden. Sie alle können auch heute noch als Treibhunde Verwendung finden. Die Spezialisierung auf die jeweiligen Aufgabengebiete ist vor allem das Produkt einer züchterischen Selektion. Haltungseinflüsse und vor allem Ausbildungsmethoden sind aber wesentliche Voraussetzungen, damit ihre speziellen Eignungen auch Berücksichtigung finden.

Der Hof- und Familienhund (HFH) wird für die Bewachung von Vieh und Mensch auf dem Hof benötigt.

Die meisten der oben genannten Hundetypen sind inzwischen als Familien-, Begleit- und Sporthunde anzutreffen. Der Dienst für die Familie kann auch im Therapiebereich Verwendung finden. Ich kenne etliche Hütehunde, die aktiv für die Hütearbeit eingesetzt werden und außerdem eine Ausbildung im Aufspüren von Krankheiten bei einem Familienmitglied haben.

Der Rinder-Gebrauchshund (RGH) kann aus einer Bandbreite von Hütehunderassen zum Einsatz kommen.

Die Ausbildungsarbeit unterscheidet sich im Vergleich zum HGH und KGH nur unwesentlich. Die Auswahl der Hunderasse, Temperamenteigenschaften, ob Furchengänger, Bogenläufer oder Treibhund, richtet sich vor allem nach dem zu bewältigenden Aufgabengebiet. Natürlich auch nach den speziellen Vorlieben des jeweiligen Besitzers. Wenn für die Treibarbeit der Rinder, Hunde mit einer etwas härteren Gangart benötigt werden, so könnte zum Beispiel der Westerwälder Kuhhund eine Option sein. Der Griff in Nase oder Röhrbein ist bei ihnen meist genetisch verankert. Um in Koppelhaltung befindliche Freilandrinder von großen Beutegreifern und ungebetenen menschlichen Besuchern zu schützen, kommen auch Herdenschutzhunde zum Einsatz.

Der Geflügel-Gebrauchshund (GGH) wird ebenfalls aus verschiedenen Hütehunderassen zum Einsatz kommen.

Dafür werden vor allem Hunde mit einer gewissen Feinfühligkeit bevorzugt. In der Regel wird das großflächige Einsammeln von Geflügel mit den als

Bogenläufern geeigneten Rassen gehandhabt werden. Zum Schutz vor Beutegreifern, diesmal auch vor Habicht und Co., können auch Herdenschutzhunde eingesetzt werden. Im Geflügelbereich werden Hütehunde vor allem in der Freilandgeflügelhaltung benötigt.

Die bis hierher beschriebenen Eigenheiten unserer Hütehunde betreffen vor allem ihre physische Leistungsbereitschaft und Veranlagung. Um unsere Hunde zu verstehen, gibt es natürlich noch eine Vielzahl weiterer Überlegungen, mit denen wir uns auseinandersetzen werden. Einen Teil davon könnte man auch unter dem Gesichtspunkt psychischer Besonderheiten einordnen. Wir werden uns also im weiteren Verlauf noch mit einer Vielzahl von Eigenschaften unserer Hütehunde befassen.

Eine dieser Besonderheiten ist das Vorhandensein von Hüte- und Schutzhundeveranlagung in unterschiedlicher Ausprägung.

Alle unsere Hütehunde wurden in den Anfängen der Hirtentätigkeit vor allem zum Bewachen und Verteidigen der Herden benötigt. So müssen wir verstehen, dass auch alle unserer momentan gezüchteten Hütehunde einen gewissen Anteil an natürlichem Schutzverhalten in ihren Genen verankert haben. Auch wenn dieser Schutztrieb nicht unbedingt mit besonderer Aggressivität verbunden sein muss, so sind damit jedoch besondere Eigenheiten verbunden. Dieser Schutztrieb ist in allen unseren verschiedenen

Jaff, einer unserer ersten Border Collies, von dem ich mehr lernen konnte als er von mir. Sein Vater Bill, ISDS 51654, war ebenfalls ein außergewöhnlich intelligenter Hund, der zweim Internationaler Sieger bei der „International Sheep Dog Soci war. Bill war wiederum ein Sohn von Wiston Cap, ISDS 31154 der die Rasse Border Collie entscheidend geprägt hat.

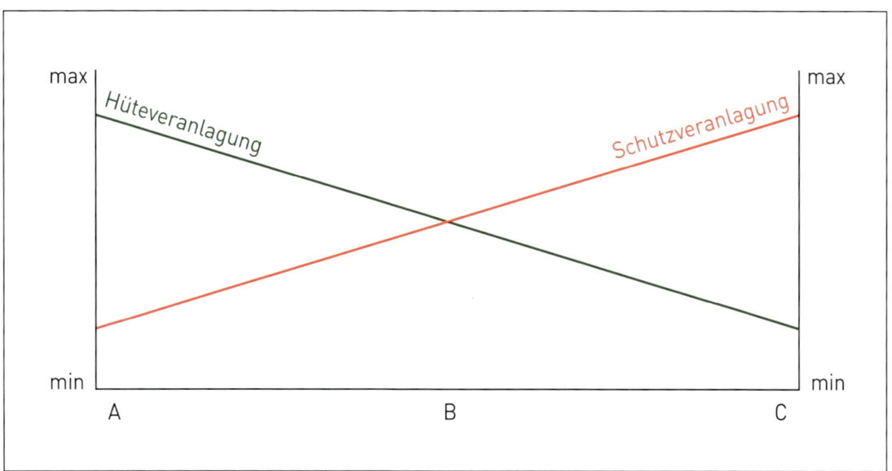

Abb. 5: Abhängigkeit zwischen Hüte- und Schutzveranlagung.

Hütehunderassen anteilig – mehr oder weniger ausgeprägt – vorhanden. Der Anteil dieses natürlichen Schutzverhaltens wird sich fraglos auch bezüglich der Wesensanlagen in irgendeiner Form bemerkbar machen. Typische Schutzhunde sind relativ selbstständig arbeitende Hunde, misstrauisch gegenüber Fremden und relativ kämpferisch gegenüber allem, was nicht zum Rudel gehört. Alles eigentlich Eigenschaften, die wir bei unseren hochspezialisierten Hütehunden und bei unseren Familienhunden – außer bei den HSH natürlich – nicht unbedingt haben möchten. Die für das Hüten verwendeten Hunde dagegen sind relativ führig, unterordnungsbereit, besonders lernfähig und haben meist auch einen ausgeprägten Willen zu dienen. Je nachdem, wie stark der jeweilige Anteil an der Hüte- oder Schutzveranlagung in den Genen vorhanden ist, werden sich auch die Umgangsanforderungen unterschiedlich gestalten.

Die oben stehende grafische Darstellung (Abb. 5) soll diesen Zusammenhang noch weiter verständlich machen. Die senkrechte Achse zeigt den Anteil der minimalen und maximalen Ausprägung der Veranlagung an. Die waagrechte Achse ist willkürlich in A/B/C eingeteilt. Diese Achse soll die jeweilige Platzierung bestimmter Hunde auf Grund ihres Mischungsanteils beschreiben.

Eine Senkrechte im A-Bereich zeigt beispielsweise einen Border Collie oder Kelpie, der beste Hüteveranlagung, dabei aber nur minimale Schutzhunde-Anteile in seinen Genen verankert hat.

Eine Senkrechte im C-Bereich könnte dann zum Beispiel einen Maremmano Abruzzese oder einen Kangal zeigen, der eine ausgeprägte Schutzveranlagung hat, dafür aber fast keine Hüteeignung zeigt.

Eine Senkrechte im B-Bereich könnte dann eine Eigenheit unserer bekannten Treibhunde bedeuten wie zum Beispiel Sennenhunde, Malinois oder teilweise auch Harzer Füchse und Westerwälder Kuhhunde. Hierbei handelt es sich um Hunde, die bei einer begrenzten Hüteeignung auch immer noch einen gewissen Anteil an Schutzveranlagung vorweisen können.

Weiterhin gibt es natürlich auch Hunde, die man zwischen A-B oder B-C platzieren kann. Das sind teilweise auch Kreuzungen oder Hunderassen, die auf Grund ihrer Vererbung in ihrer Eignung stark streuen. Streuung in der Veranlagung ist bei fast allen Rassen zu beobachten. Es gibt durchaus auch Border Collies, die mehr in Richtung B zu platzieren sind als der feinsinnige Wettbewerbshund. Auch der Australien Shepherd ist erfahrungsgemäß ein Hund, der je nach Veranlagung von A bis B eingestuft werden kann – eine Rasse also, die von Feinfühligkeit bis Treibhundegenetik in unterschiedlicher Ausführung vorzufinden ist. Es gibt auch Hunde, die ich jetzt einmal mit dem Vorhandensein zweier unterschiedlich zu plazierender Persönlichkeiten bezeichnen möchte. Da gibt es Altdeutsche Hütehunde, die hervorragende Hüteeignung besitzen, gleichzeitig aber auch Eindringlinge, die sich ihrem Aufgabenbereich nähern, mit aller Härte abwehren. Erwähnen könnte man in diesem Zusammenhang auch den Rottweiler, der früher ebenfalls zum Viehtreiben verwendet wurde, heute aber zu den klassischen Schutzhunderassen zählt. Inzwischen wird er in bestimmten Ländern sogar zu den gefährlichen Hunden gezählt, deren Haltung mit bestimmten Auflagen verbunden ist.

Grundsätzlich soll diese Grafik zu verstehen geben, dass mit abnehmender Hüteveranlagung die Bereitschaft zu dienen ebenfalls geringer wird. Das könnte für den Hundehalter auch bedeuten, dass sein Hund an Feinfühligkeit verlieren wird. Bei steigender Schutzveranlagung wird auch die Anforderung an den Hundeführer bezüglich Durchsetzungsvermögen und Haltungsanforderungen nicht unbedingt einfacher werden. Der Trieb zur Verteidigung des Territoriums ist ein Wolfserbe, das ebenfalls mit steigender Schutzveranlagung zu erkennen ist.

Ein typisches Schutzverhalten vieler unserer Hunde ist eine Unart, die ich als „Postboten-Syndrom" bezeichnen möchte. Der Postbote dringt aus der Sicht des Hundes unberechtigt in sein Territorium ein. Er verbellt ihn, wie es sich für einen guten Wächter eben gehört. Der Postbote verlässt das Grundstück wie üblich. Für den Hund ist das dann ein Erfolgserlebnis, dessen Ablauf für den nächsten Postbotenbesuch natürlich wieder programmiert ist. Wenn Ihr Hund also mehr in Richtung C platziert werden kann, dann wird er dieses Bewachungsverhalten auch in anderen Alltagssituationen zeigen. Für eine Korrektur dieser Unart wird eine besonders konsequente Erziehung nötig werden.

Das Wissen über diese Zusammenhänge, die Korrelation die sich aus der unterschiedlichen Ausprägung der Eigenschaften – Hüte- und Schutzveranlagung – ergibt, ist ein Meilenstein im Verstehen unserer Hütehunde. Für viele von uns wird es auch die Erklärung bedeuten, dass jeder Hütehund, auch wenn er von der gleichen Rasse ist, im Ausbildungsgeschehen und im Umgang mit ihnen anders behandelt werden muss!

Es braucht gut erzogene Hütehunde, um ein solches Bild zu gestalten.

Diese U-Pferch-Konstellation hilft besonders sensiblen Hunden, ihre Scheu vor ersten Kontakten mit Schafen zu überwinden. Die Finnschaf-Lämmer sind geduldige Trainingspartner.

Wesenseigenschaften, Mythen und Halbwahrheiten

Wesensmerkmale unserer gebräuchlichen Hunde

Die Kenntnis der unterschiedlichen Wesensmerkmale ist nicht nur im zwischenmenschlichen Bereich, sondern auch im Tierreich wichtig. Man könnte hierzu auch den Begriff „Persönlichkeitsmerkmale“ verwenden. Meine Gedanken zu diesem Thema können als Verbindung zwischen Psychologie und Verhaltensbiologie angesehen werden. Entsprechendes Wissen ist meiner Meinung nach eine Grundvoraussetzung, um erfolgreich im Umgang mit anderen, egal ob Mensch oder Tier, zu agieren. Hier interessiert uns vor allem das Zusammenspiel zwischen Mensch und Hund. Dabei ist zu bedenken, dass die Vorfahren unserer Hunde, die Wölfe, sich im Laufe der Evolution zu einer der erfolgreichsten Tierarten auf der Erde entwickelt haben. Verantwortlich dafür sind ihr gut entwickeltes Gehirn und ihre sozialen Fähigkeiten, die denen der Menschen ähneln. Mein Anliegen zu diesem Thema soll dabei sein, die Hunde nach ihren Wesensmerkmalen rassenunabhängig einzuordnen und entsprechend zu verstehen. Meine Einteilung hierzu lautet **Denker**, **Macher** und **Sensibler**. Das Wissen zu diesem Fachgebiet soll Rückschlüsse auf den Umgang mit dem entsprechenden Typ Hund im Alltag ermöglichen. Die Beachtung dieser Wesenseigenheiten ist meiner Meinung nach eines der Hauptkriterien, die für ein harmonisches und erfolgreiches Zusammenleben mit unseren Hunden bedeutsam sind.

Der Tierwirt wird fast täglich mit Situationen konfrontiert, die grundlegende Kenntnisse über die Wesenseigenschaften seiner Tiere verlangen. Auch in der menschlichen Arbeitswelt wird ein Arbeitgeber versuchen, das Wesen und die Fähigkeiten eines potentiellen Mitarbeiters zu analysieren, bevor er ihn einstellt. Bei der Anschaffung eines Hütehundes, egal für welche Zwecke er benötigt wird, sind solche Erwägungen ebenfalls nicht zu unterschätzen, um ein harmonisches Miteinander zu gewährleisten. Die Definition von Wesensmerkmalen als **Denker**, **Macher** und **Sensibler** ist eine Vereinfachung. Um die Verständlichkeit zu erleichtern, wird sie auf diese drei Merkmale reduziert. In Wirklichkeit kann man natürlich wesentlich differenzierter unterscheiden. Es sollte auch klar sein, dass diese Merkmale in verschiedenen Mischformen in der Natur immer gegeben sind. Wesenseigenschaften sind auch immer eine Mischung aus Genetik und Lebenserfahrung. Sie können durch unsere gezielten Einwirkungen abgeschwächt oder auch verstärkt werden. Gänzlich verschwinden werden sie in der Regel aber nicht. Was auf Grund dieser unterschiedlichen Eigenschaften bei der Haltung und besonders bei der Erziehung unserer Hütehunde besonders zu beachten ist, wird im weiteren Verlauf dieses Buches noch näher beschrieben. **Der Bezug auf diese Wesensmerkmale wird sich wie ein roter Faden durch alle Bereiche dieses Buches ziehen.**

Der Denker ist ein Hund, der bei seinen Handlungen zunächst gründlich überlegt, bevor er in Aktion tritt.

Er wird überwiegend situationsbedingt handeln. Er ist überdurchschnittlich lernfähig und trifft gerne eigene Entscheidungen. Er hat eine schnelle Auffassungsgabe und kann durchaus selbstständig rationale Entscheidungen treffen, um zum richtigen Zeitpunkt, am richtigen Ort zu sein. So muss beispielsweise der Hütegebrauchshund die Grenze bewachen, damit die Schafe oder Rinder nicht in ein Nachbargrundstück gelangen. Die meisten Hunde würden die Grenze in der ganzen Länge ununterbrochen ablaufen. Ein **Denker** dagegen wird abwarten und beobachten. Er wird die Grenze erst ablaufen, wenn die Gefahr besteht, dass Tiere versuchen, ins Nachbargrundstück vorzudringen.

Tieren wird die Fähigkeit logisch zu denken in der Regel nicht zugetraut. Selbst viele Hundebesitzer trauen ihrem vierbeinigen Partner intellektuell wenig zu. Ein Grund dafür ist wahrscheinlich, dass viele Menschen sich als „Krone der Schöpfung" definieren. Tiere werden diesbezüglich gerne unterschätzt. Wenn man – wie ich – schon lange mit Hunden arbeitet und täglich auf ihre Fähigkeiten angewiesen ist, dann wird man seinem vierbeinigen Partner ein gewisses Logikverständnis nicht absprechen können. Nach menschlichen Maßstäben könnte man diesen Hundetyp auch als „hochbegabt" bezeichnen.

Beim Bobtail sind ein Hüteinstinkt und ein gewisser Schutztrieb mmer noch weitgehend vorhanden.

Der **Denker** hat sich vor allem in Gebieten entwickelt, wo er für Arbeit auf große Entfernungen, teilweise außer Sichtweise des Hundeführers, benötigt wird. Arbeiten im schottischen Hochland oder auch im australischen Buschland sind hier zu nennen. Für den Hundbesitzer kann dieser Typ aber auch eine besondere Herausforderung mit sich bringen. Hier gilt ein humoristisch formulierter Spruch: „Ein besonders kluger Hund ist leicht zu erziehen, denn innerhalb kürzester Zeit macht der Hundeführer das, was der Hund von ihm will." Im Umgang und bei der Erziehung muss der Mensch mit einem Hund rechnen, der nicht unbedingt als uneingeschränkter Befehlsempfänger agieren wird. Trainingseinheiten für den **Denker** sollten im Vorfeld besonders gut durchdacht werden.

Auch im Familienhundealltag darf diese sprichwörtliche Intelligenz nicht außer Acht gelassen werden. Diese Hunde brauchen Aufgaben, die ihrem Verstand gerecht werden. Problemlösung und Knobelaufgaben zu bewältigen sind ihre Spezialität. Werden sie diesbezüglich unterfordert, dann können sie ganz schön anstrengend werden. **Grundsätzlich kann man davon ausgehen, das Intelligenz zu einem Großteil angeboren, also in den Genen relativ gut verankert ist: „Wie die Eltern, so die Kinder." Viele unserer Hütehunde sind hier entsprechend „vorbelastet". Ob das für uns Menschen einen Vor- oder Nachteil darstellt, ist die Herausforderung, die wir mit entsprechender Sachkenntnis zu meistern haben.**

Der „Macher" ist der extrovertierte Hund, den man im Extremfall auch als „Draufgänger" bezeichnen kann.

Er handelt in seinen Aktionen mehr bestimmend. So werden bei diesem Typ erste Ausbildungseinsätze meist schwieriger unter Kontrolle zu bringen sein als bei den anderen Hundetypen. Ist er dagegen durch gezielte Ausbil-

Diese farbliche Abstimmung könnte nicht besser sein.

dung und entsprechende Führung in den richtigen Händen, so wird man in ihm einen besonders wertvollen Helfer haben. Einen Hund, der durch nichts zu erschüttern und immer da ist, wenn er gebraucht wird. Bei diesem Hundetyp sollte vor allem auf eine gründliche Basisausbildung Wert gelegt werden.

Er verlangt nach einem Hundeführer, der ebenfalls eine entsprechende Dominanz besitzt und trotzdem genügend Einfühlungsvermögen hat, um ein angenehmes Zusammensein zu gewährleisten. Der **Macher** braucht Regeln, die man konsequent durchsetzen muss. Er kann vor allem nicht verstehen, wenn er heute etwas darf und morgen nicht. Manch sogenannter „Problemhund" hat alleine durch fehlende Fachkenntnis seines Hundeführers seine Verhaltensstörung entwickelt. Besonders bei ersten Ausbildungseinsätzen dieser Hunde am Vieh, muss der Einsatz entsprechender Hilfsmittel ebenfalls besonders gut geplant sein, damit man als Hundeführer die Kontrolle nicht verliert. Das Gleiche gilt natürlich auch für den Familien- und Begleithundebereich. Mit einer sogenannten „Streichelzoo-Mentalität" wird man diesem Hundetyp nicht immer gerecht werden.

Der „Sensible" ist ein eher introvertierter Hund, den man auch als feinfühlig, feinsinnig, zurückhaltend oder vorsichtig bezeichnen könnte.

Dieser Hundetyp erfordert im Umgang ebenfalls eine gewisse Sensibilität von seinem Besitzer. Wenn wir in der Zucht die besondere Führigkeit unserer Hunde nicht verlieren wollen, dann sind sensible Hunde wichtige Zuchtpartner. Die Zuchtzulassung einiger Hütehunderassen basiert teilweise auf falsch interpretierten Wesenseigenschaften. Dieser Hundetyp wird leider durch Unkenntnis der Sachlage oft mit Zuchtverboten belegt, obwohl er in der Hütehundezucht dringend gebraucht wird. Ein sensibler Hund braucht vor allem freundliche Zuwendung in allen Erziehungsbereichen. Vor einer neuen Aufgabenstellung muss ihm erst einmal die Angst genommen werden. Er kann für Aufgaben, die besondere Führigkeit verlangen, ein unentbehrlicher Helfer sein. Durch einen einfühlsamen und sicheren Führungsstil kann dieser Hundetyp viel an Selbstbewusstsein gewinnen. Trainingsfortschritte mit sensiblen Hunden wird man am besten erreichen, wenn man sich selbst in einer entspannten und ausgeglichenen Gemütsverfassung befindet. Im Umgang wird er gerne als dienender Gefährte wahrgenommen, der seinem menschlichen Partner Gedanken und Wünsche geradezu von den Lippen ablesen kann.

Es muss noch einmal betont werden, dass jedes Individuum mit einer Kombination von Wesensmerkmalen ausgestattet ist. Je mehr eine der drei genannten Eigenschaften in der Mischung vorhanden ist, umso mehr wird sich ein entsprechendes Verhalten bemerkbar machen. Der Mensch muss lernen, das Umfeld des Hundes angepasst an dessen Bedürfnisse und dessen genetische Disposition zu gestalten. Diese

Fähigkeit ist die Grundvoraussetzung, die den erfolgreichen Hundehalter auszeichnet. Dies gilt sowohl für den Umgang im Familienalltag, als auch für den Hüteeinsatz.

Warum sind gerade bei Hütehunden diese Merkmale so offensichtlich in ihrer besonderen Ausprägung zu beobachten?

Diese Fragestellung soll nicht implizieren, dass diese Merkmale bei anderen Hunden nicht vorhanden sind! Durch die unterschiedlichen Anforderungen für Gebrauchshunde, die am Vieh arbeiten, haben sich auch unterschiedliche Zuchtrichtungen ergeben.

Am einfachsten ist das wohl am **Macher** zu veranschaulichen: Der Schäfer hütet eine Schafherde von, nehmen wir einmal an, mehr als 500 Tieren. Ein oder zwei Hunde müssen hungrige Schafe auf einer relativ kargen Weide den ganzen Tag über bewachen. Auf dem Nachbargrundstück aber wächst bestes, saftiges Weidegras. Jetzt werden auch Laien schnell begreifen, dass diese Aufgabenstellung nur von äußerst durchsetzungsfähigen Hunden bewältigt werden kann. Hunde mit einem Körpergewicht von jeweils 20–30 kg müssen gegen eine Masse von vielen Tausend Kilogramm (ein kräftiges Schaf wiegt 100 kg und mehr) angehen, damit sie nicht außer Kontrolle geraten. Zögerer oder „Weicheier“ sind hier nicht gefragt. Ist dieser Hundetyp einmal in volle Aktion gebracht, wird es schwieriger werden, ihn auf eine gemächliche Gangart „herunterzufahren“.

Bei derartigen Hunden sollte man immer daran denken, dass sie im alltäglichen Umgang besser erst gar nicht in einen derart hocherregten Modus gebracht werden sollten. Keine unnötigen Zerrspiele, ruhige Tonlage im Kommandobereich und alles vermeiden, was besondere Aufregung bedeutet – denn Erregung bedeutet auch immer eine vermehrte Bildung von Stressbotenstoffen. Die Leistungsbereitschaft wird dadurch zwar erheblich gesteigert und die Schmerzschwelle entsprechend reduziert; dass dies den Umgang mit dem Hund auf keinen Fall erleichtert, sollte jedem Halter vollkommen bewusst sein. Stresshormone werden übrigens erst über einen längeren Zeitraum im Körper abgebaut. Man darf sich also nicht wundern, wenn der Hund nach einer Stresssituation auch in den folgenden Tagen noch heftiger reagieren wird. Wenn möglich, sollte dieser Hundetyp erst gar nicht unnötig zu Höchstleistungen angespornt werden. Wird dies beachtet, ist er relativ freundlich und nicht gleich beleidigt, wenn es nicht nach seinem Willen geht. Um den **Macher** auf Wettbewerbe vorzubereiten, braucht es besonders anspruchsvolles Training. Bei Schaf-Hütewettbewerben wird er weniger zu sehen sein. Bei Rinder-Hütewettbewerben und auch bei Sportwettbewerben kann er jedoch durchaus erfolgreich sein.

Der gleiche Schäfer hat aber auch Situationen, in denen es viel gemächlicher zugeht: große Weide, gutes Futter und satte Tiere. Jetzt ist der **Denker** ein willkommener Partner. Er beobachtet die Herde, er entscheidet

Kurzhaar-Collies sind die stockhaarige Variante der Langhaar-Collies.

selbstständig, wo er gelegentlich einmal in Aktion treten muss. Alles ist friedlich und der Schäfer kann diesen schönen Tag so richtig genießen. Der **Denker** braucht auch beim Umtreiben einer großen Herde fast keine Kommandos. Er weiß, wo er sich aufhalten muss, damit Einzeltiere nicht unerlaubt abbiegen, er denkt voraus und stellt sich an kritische Stellen, ohne dass er dazu gesonderte Anweisungen benötigt. Dieser Hundetyp war auch im Welpenalter schon erkennbar. Es kann durchaus sein, dass er bereits als Welpe erst nachdachte, bevor er in Aktion trat. Er ist nicht gleich auf jeden Fremden zugestürmt und war auch ansonsten etwas bedächtiger in seinen Unternehmungen. Welpenkäufer verlieben sich meist spontan in den mehr umtriebigen Typ, obwohl sie eigentlich mit einem **Denker** besser gefahren wären. Bei Wettbewerben muss man auf seine Eigenständigkeit gefasst sein. Seine Entscheidungen müssen nicht immer mit den Anforderungen des Wettbewerbes im Einklang stehen.

Ein weiterer Schäfer hat aber wieder ganz andere Verhältnisse: große, unübersichtliche Weideflächen, wie sie auf Almen oder im schottischem Hochland zu finden sind. Um die Tiere einzusammeln, braucht er einen Hund, der äußerst führig ist und auch außer Sicht noch zuverlässig seine Arbeit verrichtet. Der **Sensible** ist für diese Verhältnisse meist ein willkommener Helfer. Im Alltag wird dieser Hund mit extrem ruhigen Kommandos zu führen sein. Seine Zurückhaltung wird oft als Schwäche angesehen. Konfrontationen weicht er eher aus. Wird er aber bedrängt, dann weiß er sich auch zu wehren. Der Hundehalter, der diesem Hund die nötige Selbstsicherheit vermitteln kann, wird einen sehr angenehmen Partner an seiner Seite haben. In der Zucht kann er mit dem **Macher** eine gute Verbindung sein, damit die Führigkeit der Nachkommen wieder besser im Wesen verankert wird. Bei anspruchsvollen Hütewettbewerben, die auch mit großen Entfernungen verbunden sind, kann dieser Hund sehr erfolgreich sein. Im täglichen Umgang sind feinfühlige Hunde meist besonders freundlich, auch Fremden gegenüber. Beachten sollte man aber, dass sie gerne einen gewissen Abstand zu den anderen Rudelmitgliedern haben möchten. Also sollte lockeres, entspanntes Bei-Fuß-Gehen mit entsprechendem Abstand zum Menschen ermöglicht werden. Wird ein solcher Hund aber in gewissen Situationen zu sehr bedrängt oder überfordert, kann er gelegentlich relativ aggressiv reagieren.

Unser Heath konnte Bullen mit seinem gefühlvollen Anschleichen bewegen, ohne dass sie dabei nervös wurden.

So stellt sich immer die Frage: Mit welchen Wesenseigenschaften und mit welcher Mischung dieser Eigenschaften muss der ideale Hund ausgestattet sein? Im Hüteeinsatz muss man dabei bedenken, dass diese Hunde alles bewegen sollten – angefangen von der Laufente bis hin zum tonnenschweren Zuchtbullen. Einzelne Tiere, aber auch Großherden von Schafen und Rindern sind dabei zu bewältigen. Ideal wäre also ein Hund, der sofort und ohne Zögern mit äußerster Härte agieren kann, dabei aber ausgesprochen führig und relativ selbstständig seine Arbeit verrichtet. Jeder, der schon längere Zeit mit Hunden arbeitet, denkt, dass einer seiner besonderen Lieblinge genau diese Eigenschaften besessen hatte. Hätte ein Außenstehender diesen Hund aber genauer beobachtet, dann hätte er bestimmt auch bei ihm so manche Eigenheiten bemerkt, die nicht zu hundert Prozent dem Ideal entsprachen. In anderen Worten: **Den idealen Hund** gibt es nicht. Der Mensch wird im Rückblick die kleinen Schwächen seines besonderen Lieblings schnell vergessen. Er denkt dann vor allem an die positiven Dinge, die sein Hund für ihn geleistet hat. Er erinnert sich an einen treuen Begleiter, der, ohne Widerspruch und bis an die Grenzen seiner Leistungsfähigkeit gehend, sein täglicher Partner war.

Diese Erkenntnisse gelten auch für Hundehalter, die ihre Hunde nicht als Gebrauchshunde benötigen. Auch hier gilt es, die Stärken und Schwächen seines Hundes zu erkennen, um entsprechend positiv auf ihn einwirken zu können. Den Sensiblen aufmuntern, dem Draufgänger seine Grenzen aufzeigen und sich vom „Schlaumeier“ nicht allzu leicht überlisten lassen.

Bitte immer daran denken: Auch wir sind nicht perfekt! Das vergessen wir aber allzu gerne. Bei unseren Hunden dagegen sind wir schnell enttäuscht, wenn sie es nicht sind. Das richtige Einschätzen der Wesensmerkmale seines Hundes ist das eine, die Einschätzung der eigenen dann logischerweise das andere. Idealerweise sollten diese Merkmale beider Parteien irgendwie zueinander passen. Ansonsten sind darüber hinaus die Führungsqualitäten des Hundehalters der Schlüssel zum Erfolg.

Ob die Gene oder die Umwelt diese Wesensmerkmale stärker beeinflussen ist eine Frage, die nicht ohne Weiteres geklärt werden kann. Mit Sicherheit muss beides im Wechselspiel gesehen werden. Es ist aber zu vermuten, dass der genetische Einfluss stärker wiegt, als der Umwelteinfluss. Das ist eine Frage, die sachkundige Forscher schon lange beschäftigt und nicht immer mit eindeutigen Antworten geklärt werden kann. Wir müssen uns dabei aber vor allem mit unseren bescheidenen Mitteln auf die uns anvertrauten Tiere konzentrieren: Beobachtungen und natürlich das Wissen, dass diese Wesensmerkmale den Umgang mit unseren Hunden maßgeblich beeinflussen. Dieses Wissen sollte eine Hilfestellung sein, das uns den Umgang mit ihnen erleichtert. Wir Menschen sollten uns auch immer wieder daran erinnern, dass wir im Umgang mit Tieren eine gewisse Ausgleichsfunktion innehaben. Eine Gemeinschaft funktioniert eben nur, wenn man sich gegenseitig ergänzt und sich auf die Eigenheiten des Gegenübers entsprechend einstellt. Ich möchte unseren Tieren und hier vor allem unseren Hunden auch aus tierschutzrelevanten Gesichtspunkten das Recht zubilligen, dass sie gemäß ihres Wesens und ihrer ganz speziellen Eigenheiten entsprechend beachtet werden müssen. Haltung, Umgang und Erziehung sind entsprechend zu gestalten. Werden wir den unterschiedlichen Hundepersönlichkeiten nicht gerecht, dann kann das im Extremfall zur Tierquälerei ausarten.

Worauf ich bei der Schilderung der Wesensmerkmale aber besonders Wert lege ist, dass unterschiedliche Temperament-Typen nicht unbedingt mit bestimmten Wesensmerkmalen korrespondieren müssen. Temperamenteigenheiten wie: phlegmatisch, leicht erregbar oder ängstlich sind weitere Merkmale, die auch bei Hunden eine Rolle spielen. Diese sind meiner Meinung nach auch in unterschiedlicher Ausprägung bei den verschiedenen hier beschriebenen Wesenstypen vorhanden.

Um die geschilderten Wesensmerkmale einmal im Vergleich mit menschlichen Verhaltensweisen zu bewerten…

…erlaube ich mir folgenden Gedankengang zu beschreiben. Ich nehme ein relativ einfaches Beispiel aus der alltäglichen Erfahrung mit Autofahrern im Straßenverkehr und beginne mit dem **Sensiblen**, da er meiner Meinung nach der am leichtesten Darstellbare ist. Auf der Landstraße fährt er immer äußerst rechts. Bei den erlaubten 100 km/h wird er die 90 selten überschreiten. Für andere Verkehrsteilnehmer kann dies ganz schön nervig sein. Der **Macher** wurde schon öfter wegen Geschwindigkeitsüberschreitung geblitzt. Er fährt meist in der Mitte der Straße und Kurven werden selbstverständlich soweit wie möglich geschnitten. Der **Denker** fährt auch schon einmal schneller als erlaubt. Er weiß aber, wo dies, ohne geblitzt zu werden, möglich ist. Die übrigen Verkehrsteilnehmer haben an seinem Fahrstil nichts weiter zu bemängeln.

Dieser kleine Ausflug, weg vom Hundegeschehen, soll uns daran erinnern, dass wir Menschen auch unsere ganz speziellen Wesenseigenheiten durch unser Verhalten offenbaren. **Die objektive Einschätzung unserer eigenen Veranlagung kann helfen, dass wir die Wesensverständigung mit unseren Tieren besser in den Griff bekommen.**

Auch am Verhalten im Wohnbereich sind die unterschiedlichen Wesenseigenheiten unserer Hunde besonders gut erkennbar.

So wird der **Sensible** den Schlafplatz gerne in einer geschützten Umgebung auswählen. Er liegt gerne einmal an einer höhlenartigen Stelle, unter einer Bank oder auch ganz anschmiegsam direkt an seiner menschlichen Bezugsperson. Bei ungewohnten Geräuschen wird er relativ schreckhaft reagieren. Er hat es nicht gern, wenn er in die Enge getrieben wird, und kann dann auch relativ heftig mit Abwehrhaltung reagieren. Bei kleinsten Unsicherheiten wird er eine unterwürfige Stellung einnehmen und dann schon einmal schnell die Kehle zeigen. Seinem Futtertrog wird er sich zögerlich nähern. Er wartet, bis der Mensch, der ihn füttert, sich wieder etwas entfernt und er frisst auch relativ langsam und vorsichtig.

Der **Macher** dagegen wird auch hier als krasses Gegenstück zum **Sensiblen** in Erscheinung treten. Seinen Schlafplatz wird er gerne an einer exponierten Stelle einnehmen. Je nach Laune wird er diesen auch des Öfteren entsprechend wechseln. Er läuft gerne unruhig von Ort zu Ort und verteidigt seine Position teilweise relativ heftig, wenn er sein Gegenüber als im Rang unterlegen einschätzt. Das Futter verschlingt er geradezu gierig. Sind noch andere Hunde im Wohnbereich, wird er versuchen, als erster am Futternapf zu sein. Der menschliche Partner sollte bei ihm die Gesetzmäßigkeit der Futterrangordnung beachten. Auf keinem Fall darf ihm erlaubt werden, ohne ausdrückliche Erlaubnis auf die Futterstelle zu zustürmen. Alle menschlichen Mitbewohner (auch Kinder) müssen ihm das Futter wegnehmen können, ohne dass der Hund irgendwelche Abwehrreaktionen zeigt. Sollte er hier auch nur die kleinste Gegenreaktion zeigen, ist dies ein Zeichen, dass der menschliche Partner seiner Führungsrolle nicht gerecht wird. Besucher versucht er als Erster zu begrüßen. Er drängt sich also gerne immer in den Vordergrund und möchte als Hauptakteur in allen Situationen wahrgenommen werden. Geräusche beeindrucken ihn wenig. Im Gegenteil, er wird von ihnen geradezu angelockt.

Der **Denker** ist derjenige, den man als am wenigsten durchschaubar bezeichnen kann. Er handelt vorausschauen-

Herdenschutzhunde sind auch in der Freilandhaltung von Schweinen sichere Wächter.

der und nützt jede Gelegenheit, seinen Willen durch intelligente Handlung oder auch entsprechender Manipulation durchzusetzen. So wird er versuchen, sich den Schlafplatz des ihm übergeordneten Menschen durch kleine Tricks zu eigen zu machen. Er erlernt auch vorausschauend die Tageszeiten, in denen etwas Interessantes passieren wird. Er stiehlt auch schon einmal Futter, wenn er sich unbeobachtet fühlt. Vor allem vergisst er nicht, was für ihn positiv oder negativ in Erscheinung getreten ist. Er lernt naturgemäß sehr schnell – Positives wie auch Negatives gleichermaßen. Dem **Denker** spricht man auch ein hohes Maß an emotionaler Intelligenz zu. Er wird die Gefühle seiner menschlichen Partner relativ gut analysieren und interpretieren. Bei schlechter Stimmungslage zieht er sich zurück. Bei Freude dagegen ist er ebenfalls gut drauf und wird zu Spiel oder gemeinsamen Aktionen auffordern. Sein Lernverhalten und das Lösen von Problemaufgaben sind seine besondere Stärke. Damit dieses Lernvermögen und diese besondere Lernbegabung nicht verkümmern, sollten unsere Hunde – besonders natürlich die Denker – auch immer wieder entsprechend von uns gefordert werden.

Bei freilaufenden Hunden, beim täglichen Spaziergang oder auch bei der Arbeit am Vieh sind die unterschiedlichen Wesensmerkmale unserer Hunde ebenfalls relativ offensichtlich zu erkennen.

Die Körperhaltung bei Hundebegegnungen oder auch das Erkunden der Umgebung sind gute Möglichkeiten, den Hund entsprechend einzuschätzen. Der **Sensible** wird wesentlich vorsichtiger agieren als die anderen. Neuem gegenüber wird er eher misstrauisch und vorsichtig sein. Er umrundet unbekannte Objekte gerne in einem weiten Bogen, bevor er wirklich sicher ist, dass keine Gefahr von ihnen ausgeht. Wenn er nicht mehr weiter weiß, wird er gelegentlich auch mal bellen, um seine Vorsicht zu bekunden. Konflikten wird er normalerweise aus dem Weg gehen. Auch wird er sich von seinen Rudelgefährten nicht grundlos weit entfernen. Im Ausbildungsgeschehen ist besonders darauf zu achten, dass Lektionen möglichst stressfrei gestaltet werden. Erfolgreich verlaufende Aktionen und deren gezielte Wiederholungen werden ihm die nötige Sicherheit vermitteln. Bei Unsicherheit wird er unter anderem durch Hochspringen an seinem Ausbilder versuchen, sich selbst zu belohnen. Eine Unart, die man nicht unbedingt geschehen lassen muss. Oder besser formuliert: eine, deren Ursache man durch fachgerechte Ausbildungsmethodik erst gar nicht entstehen lassen darf.

Der **Macher** wird im Freilauf schon wesentlich selbstbewusster auftreten. Seine Körperhaltung wird bei Hundebegegnungen weniger unterwürfig, seine Bewegungen werden mehrheitlich von Aktionismus geprägt sein. Er ist teilweise kaum zu bremsen und Unruhe zu stiften ist seine Spezialität. Für uns Menschen ist wichtig, dass wir uns nicht von diesem Aktionismus anstecken lassen. Klare Kommandos und beruhigendes Auftreten sind hier gefragt. Im Ausbildungsgeschehen wird er relativ belastbar sein. Trotzdem ist es wichtig darauf zu achten, dass durch zu schroffes oder auch lautes Vorgehen seine Reaktionen nicht noch weiter hochgefahren werden. Konsequenz und eine gewisse Gelassenheit sind Eigenschaften, um die sich der menschliche Partner besonders bemühen sollte.

Der **Denker** ist hier wieder einmal nicht ganz so offensichtlich erkennbar. Wenn er anderen Hunden begegnet, wird er erst einmal abwägen, mit welchen Kräften er es zu tun hat. Erst danach wird er sich entweder dominant oder unterwürfig verhalten. Wenn er gerade in Spiellaune ist, wird er Wege finden, seinen menschlichen Partner miteinzubeziehen. Er findet selbständig ein Spielzeug und animiert seinen Hundeführer, entsprechend zu agieren. Er wird des Öfteren auch versuchen, seine Freiheit nach seinen Wünschen auszuleben. Seine Klugheit aber sagt ihm, dass es in den meisten Fällen besser ist, seinem menschlichen Rudelführer zu gehorchen. Die Ausbildung wird bei ihm relativ zügig zum gewünschten Erfolg führen. Die Anforderungen sollten aber vielseitig gestaltet werden. Zu viele einseitige Wiederholungen können bei ihm schnell zu ungewollten Automatismen führen. Handlungsabläufe wird er dann bei jeder Gelegenheit unaufgefordert – seinem Gutdünken entsprechend – ausführen.

Um diese drei unterschiedlichen Wesensmerkmale im Freilaufgeschehen noch weiter verständlich zu machen, möchte ich sie mit einem Beispiel aus der Treibarbeit eines Schäfers verdeutlichen: Ein Koppelschafhalter, der seine Schafe in eingezäunten Weiden grasen lässt, muss die Herde gelegentlich auf neue Flächen treiben. Die Hütehunde sind dann meist, wie wir bereits wissen, Bogenläufer. Da Schäfer mit einer größeren Schafherde auch meist mehrere Hütehunde besitzen, wird er auch entsprechend der Aufgabenstellung gewisse Hunde bevorzugen. Die Schafe müssen in diesem Fall eine längere Strecke auf Straßen und Feldwegen getrieben werden. Er hat sich im Hinblick auf diese Treibarbeit für einen geschickten **Denker** und einen relativ **sensiblen** Hund entschieden. Der **Denker** wird am vorderen Ende der Herde eingesetzt. Er soll aber auch seitlich an der Herde arbeiten, falls Schafe dort auszubrechen drohen. Der **Sensible** wird hinter der Herde platziert. Er ist zuständig für die Nachzügler. Oftmals sind es auch Lämmer, die sich entscheiden, nicht mit der Herde weiterzuziehen. Da er ein sehr vorsichtiger Hund ist, wird er hinter den Schafen keinen unnötigen Druck ausüben. Wird eines der Schafe oder Lämmer, vielleicht auch aus gesundheitlichen Gründen, mit der Herde nicht mehr Schritt halten können, dann wird dieser Hund ebenfalls zurückbleiben. Er zeigt dem Schäfer dadurch, dass es ein Problem gibt, um das er sich kümmern muss.

Der **Denker** im vorderen Bereich der Herde ist auch dafür zuständig, dass sich keines der Schafe plötzlich entscheidet, in einer der Abzweigungen zu verschwinden. Da er ein besonders intelligenter Hund ist, wird er diese Aufgabe ohne Kommandos von seinem Schäfer selbständig erledigen. Er wird in weiser Voraussicht immer dort sein, wo er benötigt wird. Er blockiert die möglichen Fluchtwege der Schafe rechtzeitig. Er wird auch wieder selbstständig nach vorne eilen, wenn die Schafe den Schäfer überholen möchten. Hungrige Schafe können sehr lauffreudig sein, wenn sie den Geruch einer saftigen neuen Weide wahrnehmen. Dieser **Denker** ist also Gold wert für seinen Schäfer. Wenn diese Herde aber auch aus besonders dominanten oder auch hungrigen Tieren bestehen sollte, dann könnte für diese Treibarbeit im vorderem Bereich auch ein besonders agiler Draufgänger, also ein **Macher**, zum Einsatz kommen. Er würde als zusätzliches Kraftpaket im vorderem Bereich für Ordnung sorgen. Dieser Draufgänger braucht dann im Gegensatz zum **Denker** wesentlich mehr Kommandos, um immer an der richtigen Stelle zu sein. Dafür aber bringt er das nötige Durchsetzungsvermögen mit, um ein fachgerechtes Treiben zu ermöglichen.

Zusammenfassend möchte ich die Dringlichkeit der Wesensbeachtung noch einmal betonen.

Hunde und besonders unsere Hütehunde sind tiefgründige, von ihren Charaktereigenschaften geprägte Weggefährten. Sie sind mit besonderen Sender- und Empfängerqualitäten ausgestattet. Sie haben ein Recht auf eine veranlagungsgemäße Erziehung und Haltung. Das Wissen um diese Zusammenhänge soll dabei helfen, mit unseren Hunden eine harmonische Partnerschaft zu erleben und somit ein artgerechtes und problemloses Miteinander zu ermöglichen.

Jetzt bitte ich den Leser höflichst um das Einverständnis, im weiteren Verlauf meiner Ausführungen eine kleine ***Stiländerung*** *vorzunehmen. Von der eher unpersönlichen Schreibweise möchte ich jetzt zu einer persönlicheren überwechseln. Ich hoffe, dass das* ***„Du“*** *und das* ***„Ich“*** *auch akzeptiert werden können. Meine Überlegung dabei ist: Das bisher Geschriebene betrifft vor allem ein Allgemeinwissen, das mir für das Verstehen meiner Gedanken als wichtig erscheint. Alles Weitere würde ich jetzt einmal, salopp ausgedrückt, als das „Eingemachte“ bezeichnen. Ich hoffe dabei auch, dass ich so einiges thematisieren werde, das dir die Notwendigkeiten des Umgangs mit deinen Hütehunden besser verständlich macht, oder sogar erleichtert.*

Mythen und Halbwahrheiten

Wenn wir von **Mythen** sprechen, verbergen sich dahinter eine Reihe unterschiedlicher Erklärungsmöglichkeiten: Erzählungen aus der Vergangenheit, die nicht vergessen werden sollen; Sinnstiftendes oder im Gegensatz dazu auch Unvernünftiges; etwas Falsches oder auch Erfundenes. Mythen können auch als Versuch angesehen werden, bestimmte Phänomene hervorzuheben, um sich der Wahrheit anzunähern. Mythen und Legenden um den Wolf gibt es viele. Auch in Fabeln haben Hund und Wolf immer wieder ihren Platz gefunden. Unvernünftiges kann vor allem dadurch entstehen, dass gewisse Ansichten ohne entsprechende Differenzierung im Umlauf sind und immer wieder weitergegeben werden.
Unter **Halbwahrheiten** verstehe ich Aussagen, die erst richtig eingeordnet werden können, wenn die ganze Wahrheit bekannt ist. Sie könnten ansonsten relativ unsinnig ausgelegt werden. Ein Beispiel: Der Ausruf „Es brennt!“ ist nur die Hälfte der Wahrheit. „Feuer im Kaminofen“ oder „Feuer im Dachstuhl“ wäre dann die noch fehlende, aber entscheidende Information.

Ich habe den Eindruck, dass gerade im Zusammenhang mit unseren Hütehunden etliche fragwürdige Mythen und Halbwahrheiten im Umlauf sind. Ob diese Aussagen sinnvoll sind oder nicht, kann in den meisten Fällen nicht grundsätzlich mit Ja oder Nein beantwortet werden. Helfen wird jedoch, wenn wir uns weitergehende Gedanken dazu machen: Was kann als Halbwahrheit eingestuft werden und wie sieht es mit der dazu noch fehlenden Information aus?

Viele diesbezügliche Behauptungen wie: „Der Hütehund braucht viel Bewegung und Auslastung“ werden oftmals kritiklos von einer Veröffentlichung auf die andere übertragen. Gerade diese beiden Aussagen haben, wenn sie falsch interpretiert werden, ein enormes Potenzial, unser Verhältnis zu unseren Vierbeinern extrem kompliziert zu gestalten. Leider nicht immer zum Wohle unserer Hunde! Rational und weniger emotional mit bestimmten pauschalen Aussagen umzugehen, kritisch zu bleiben und Positives daraus abzuleiten soll das Ziel der folgenden Ausführungen sein. Patentrezepte für alle deine Probleme kann ich dir mit der Analyse einiger vermeintlicher Mythen hiermit leider auch nicht geben – Lösungen muss schlussendlich jeder für sich selbst erarbeiten. Gelingt dies nicht, solltest du aber auch keine Hemmungen haben, das einzugestehen, und externe Hilfe für die Problemlösung suchen.

„Ein Hütehund braucht viel Bewegung“ ist die gebräuchlichste Behauptung. Was aber würden die Hunde, oder besser noch deren Vorfahren, die Wölfe, dazu sagen, wenn wir sie fragen könnten?

Ein Wolf verbraucht bei der Jagd sehr viel Energie. Ein oder zwei Stunden Höchstleistung und dann eine längere Pause, wenn die Jagd erfolgreich war. Warum also in der Freizeit Energie verschwenden, die ja für die nächste Jagd benötigt wird? Begründet durch das genetische Erbe heißt das im Klartext: Unsere Hunde haben ein viel höheres Ruhebedürfnis als wir Menschen. In der Regel sind es 17 bis 22 Stunden am Tag. Das hat auch damit zu tun, dass ihre Futterversorgung von uns übernommen wird. Man hört, dass Wölfe oftmals mehr als hundert Kilometer täglich unterwegs sind. Das sind aber Ausnahmesituationen, die meist mit der Suche nach einen neuem Revier oder neuen Partnern einhergehen. Auch unsere Furchengänger müssen bei intensivem Einsatz oft 50 oder 60 Kilometer Laufarbeit täglich bringen. Dies ist auch der Grund, warum Hüteschäfer meist mehrere Hunde im Betrieb haben. Um die Hunde nicht zu überfordern, werden sie abwechselnd zum Einsatz gebracht. Man sollte daher auch für den Haushund genügend Ruhephasen einplanen; er wird sie in der Regel genießen. Es bleiben dann immer noch vier bis sechs Stunden, die man mit einer sinnvollen gemeinsamen Beschäftigung verbringen kann.

Bewegung ist sowohl für unsere Hunde, egal welcher Rasse, als auch für uns Menschen eine positive Angelegenheit. Eine Selbstverständlichkeit, die uns allen bekannt ist. Die Frage dabei ist aber: Welche Art von Bewegung sollte täglich in welcher Dauer erfolgen, damit sie gesundheitlich und für einen harmonischen Ablauf an unser Alltagsleben angepasst ist? Gebrauchs- und Sporthunde werden für die Aufrechterhaltung der benötigten Fitness

Auch im Winter kann der Junghund zu ersten Ausbildungseinheiten gebracht werden.

Jane, eine Tochter von Sweep, ISDS 293085, und Nell, ISDS 299512, ein HH mit ganz besonderen Qualitäten.

andere Ansprüche als ein Familienhund haben. Um die Dauer und Intensität von Bewegungsanforderungen einschätzen zu können, sollten auch körperliche Eigenheiten bestimmter Hunderassen und Hundetypen berücksichtigt werden. Hunde, die in der Rückhand leicht überbaut sind, haben ihre Stärke in einem schnellen Spurtvermögen. Man denke dabei an bestimmte Raubkatzen, wie z.B. den Gepard. Er gehört zu den schnellsten Tieren der Welt und ist für seine extrem hohe Beschleunigung bekannt. Als Dauerläufer ist er aber weniger geeignet. Die meisten unserer Bogenläufer, wie der Border Collie (BOC) oder auch der Kelpie, sind in der Rückhand überbaut und somit weniger als Langstreckenläufer geeignet. Wenn du also der Meinung bist, dein BOC sollte möglichst viele Kilometer hinter dem Auto herlaufen (was sich natürlich für keinen Hund empfiehlt), dann könnte ihm das durchaus mehr schaden als nützen. Unsere Furchengänger und weitere Treibhunde der verschiedensten Rassen sind in der Rückenlinie eben oder sogar in der Hinterhand leicht abfallend und somit für ein unermüdliches Langstreckenlaufen bestens geeignet. Für diese Hunde wie auch für Wölfe sind 20 oder 30 Kilometer Laufarbeit eher ein Spaziergang. Dein Bestreben, diesen Hunden besonders viel Bewegung zu bieten, wird also nicht immer einfach sein.

Durch Bewegung werden im Körper auch Stresshormone aktiviert, die bis zu einem gewissen Grad als durchaus nützlich angesehen werden. Ein Zuviel dagegen wird den Umgang mit den Hunden nicht unbedingt einfacher machen. Wenn ich an all die vielen Hundebesitzer denke, die ein völlig entspanntes und harmonisches Verhältnis zu ihren Hunden haben, **dann ist die Mehrheit bestimmt nicht unter den Bewegungsfanatikern zu finden.** Oft sind es auch ältere Leute, die den ganzen Tag über mit ihren Hunden, egal welcher Rasse, in einer relativ lockeren Atmosphäre kommunizieren. Das zweimalige Gassigehen wird, je nach Wetterverhältnissen, nicht unbedingt mit viel Bewegung zu tun haben. Aus der Sicht eines Gebrauchshundehalters kann ich mir zu dieser Teamkonstellation leider manchmal einen Kommentar wie „Der könnte auch mit etwas weniger Futter zurecht kommen" nicht verkneifen. Wenn ich dann wieder einige unserer Hunde – besonders in der arbeitsruhigen Zeit – abtaste, dann sieht es bei ihnen manchmal ebenfalls nicht besser aus. Auch bei der

Fragestellung, wie viel Bewegung ein Hütehund täglich braucht, gibt es wieder eine (zugegebenermaßen polemische) Fragestellung meinerseits: „Brauchst du einen Marathonläufer oder kann es auch weniger sein?"

Für die Mehrzahl der Begleithundebesitzer wird das gezielte Entschleunigen im Umgangsverhalten anzustreben sein. Keinem Hund muss das Schnellsein beigebracht werden – das kann er in der Regel bereits. Eine Möglichkeit, den Hund zu beruhigen, ist es, ihm das Warten beizubringen. Also einfach einmal auf die nächste Parkbank setzen und den Hund neben dir fünf Minuten oder auch länger im „Sitz" oder „Steh" warten lassen. Warten lernen ist eine fundamentale Gehorsamkeitsübung, die leider viel zu wenig genutzt wird.

„Ein Hütehund braucht besonders viel Auslastung" ist eine weitere häufige Bemerkung, die im Zusammenhang mit Hütehunden gebräuchlich ist. Es wird auch teilweise zwischen geistiger und körperlicher Auslastung unterschieden.

In dieser Aussage ist begrifflich wie auch praktisch so einiges an Zündstoff enthalten. Was für den einen Hund gut ist, kann für den anderen das Gegenteil sein. Warum ausgerechnet Hütehunde mehr Auslastung als andere Hunde benötigen sollten, ist mir immer noch rätselhaft. Wenn wir an die körperliche Auslastung denken, so könnte alles, was unter „viel Bewegung" verstanden wird, hier noch einmal abgehandelt werden. Beginnen möchte ich bei dieser Aussage aber erst einmal mit der Definition „Auslastung": Ausreizen, im vollem Umfang nutzen, alles überhaupt Mögliche herausholen, Kräfte voll beanspruchen und vieles mehr wird unter diesem Begriff verstanden. Wenn wir ehrlich sind, handelt es sich hier um Aussagen, die wir im Zusammenhang mit unseren Hunden nicht unbedingt hören möchten. So wie dieses Thema aber auch unterschiedlich verstanden wird, werden Auslastungsaktionen leider meistens nahezu der Definition entsprechend gehandhabt.

Wir aber wollen es besser machen und diese Angelegenheit einmal als **sinnvoll beschäftigen** oder **sinnvoll auslasten** bezeichnen. Was aus der Sicht des Hundes sinnvoll ist, wird dann die nächste Frage sein. Unser Ziel ist ein Hund, der mit uns rundum zufrieden ist und der seine Instinkte weitgehend ausleben kann. Ein Hund, mit dem auch wir gut zurechtkommen und der uns möglichst wenig Probleme bereitet. Könnte es sein, dass wir alleine durch unsere energetische Ausstrahlung und unsere Körpersprache bereits unbewusst einem Großteil unserer Auslastungsbemühungen gerecht werden?

Dazu ein Beispiel: Eine Hausfrau oder ein Hausmann verbringt den Großteil des Tages zusammen mit dem Hund. Frühstück, ein erster Spaziergang mit dem Hund, einkaufen, kochen, ein kurzer Mittagsschlaf, dann ein weiterer kurzer Spaziergang und anschließend die Vorbereitungen für die Ankunft der restlichen Familie am Abend. Da der

Hund in dieser Zeit der einzige Partner im Haus ist, wird natürlich auch viel miteinander kommuniziert. Der Mensch spricht, der Hund hört zu und interpretiert dabei vor allem den Tonfall und die Mimik seines menschlichen Partners. Er registriert natürlich auch die Stimmungslage und weiß meist schon im Voraus, was sein Zweibeiner als nächstes unternehmen wird. Die Tage vergehen und es gibt – es sei denn, Mensch und Hund machen gelegentlich kleine Versteckspiele mit irgendwelchen Futterangeboten – keine großen Hochs oder Tiefs im Alltagsleben. Ist dieser Hund, egal welcher Rasse, zufrieden? Fühlt er sich ausgelastet? Ich kann dir versichern, er kann sich auf unserem Planeten kein besseres Leben vorstellen. Der ruhige Klang der menschlichen Stimme, das Lesen der Mimik des Zweibeiners, die spannenden Gerüche und optischen Wahrnehmungen beim Einkaufsbummel und natürlich auch der kurze Spaziergang im Park – alles Angelegenheiten, die sämtliche Sinne gefordert haben. Ich kenne etliche dieser Konstellationen und freue mich immer, wenn man derart harmonische Beziehungen erleben kann.

Du aber bist möglicherweise eine andere Persönlichkeit. **Du brauchst körperliche Auslastung und „Action".** Genau deswegen hast du dir einen Hütehund zugelegt. Jetzt müssen wir eben aufpassen, das menschliche und tierische Ansprüche, analog zu oben, irgendwie in Einklang gebracht werden. Stöcken nachjagen, rennen, bis der Hund mit heraushängender Zunge fast umfällt, wilde Zerrspiele, die ihn sinnlos aufputschen: Sollen das Ziele sein, die wir uns vorgestellt haben – oder gibt es auch andere Möglichkeiten?

Grundsätzlich ist gegen einen auf Beruhigung ausgerichteten Umgang sowie die zu mehr Fitness hin orientierte Zielsetzung nichts einzuwenden, solange Kopf und Körper sinnvoll beschäftigt werden. Aber auch hier stellt sich – wie allgemein bei diesem Thema – die Frage: Welche Anforderungen habe ich an ein harmonisches Zusammenleben? Wie können sie mit den Wesensmerkmalen und Rasse-Eigenheiten des Hundes in Einklang gebracht werden? Und was ist die eigentliche Aufgabenstellung meines Hundes? Wird er als Nutzviehgebrauchshund benötigt, soll er im Hundesport zum Einsatz kommen oder soll er schlicht und einfach nur gut und problemlos in der Hunde-Mensch-Familie integriert sein?

In diesem Zusammenhang erlaube ich mir, hier über den Alltag unserer eigenen Gebrauchshunde zu schreiben. Ich möchte aber ausdrücklich betonen, dass ich damit keinen schulmeisterlichen Anspruch auf „nur so ist's richtig" erheben möchte. Im Gegenteil: Wenn du der Meinung bist, du würdest es ganz anders machen, dann ist das prima. Wenn diesbezügliche Erkenntnisse für den Umgang mit deinen Hunden hilfreich sind, dann haben wir erreicht, was wir eigentlich wollten. Der Verständlichkeit halber muss ich über die Gründe, warum es auf unserem Hof Hütehunde gibt, berichten: Ohne die Hilfe unserer Hunde könnten wir unseren Hof mit der jetzigen Haltungsform unserer Tiere nicht bewirtschaften. Alle Tiere befinden sich ganzjährig überwiegend in Freilandhaltung. Das sind Rinder, Schafe, Schweine, Gänse, Hühner und auch Tauben. Umtreiben, Hüten, Verladen – all das sind Aufgaben, die wir Menschen nur mit größtem Aufwand erledigen könnten. Die Hunde müssen körperlich relativ leistungsfähig sein, auch wenn sie teilweise nur sporadisch zum Einsatz kommen. Dann ist da auch die Leidenschaft, von Tieren umgeben zu sein, sie zu beobachten, zu betreuen und natürlich auch zu züchten, ein weiterer Grund für diese Wirtschaftsweise. Dass unsere Kinder und Enkelkinder, besonders durch den Umgang mit den Hunden, so einiges für ihr späteres Leben lernen beziehungsweise gelernt haben, ist ebenfalls ein nicht zu vergessender positiver Aspekt dieser Lebensform.

Nun zum Alltag unserer Hunde: Zweimal täglich wird dem ganze Rudel gemeinsam Freilauf gewährt, kurz vor der Fütterung und Betreuung der restlichen Tiere. Die spontan frei werdende Energie wird anfänglich durch unsere Anfeuerungskommandos noch weiter angeheizt. Lauf- und Stoppkommandos werden mehrmals wiederholt. Innerhalb kürzester Zeit – es braucht nur einige Minuten – wird dann vom Energiemodus auf den Freizeitmodus umgeschaltet. Jetzt kommt für uns die Zeit, in der wir etwas intensiver in das Geschehen eingreifen. Wir lassen immer noch ablegen und laufen; ablegen mit feineren Kommandos, das heißt von schnell zu langsam bis hin zum Stopp. Aufstehen, beschleunigen bis zur Höchstgeschwindigkeit, ebenfalls mit dosierten Kommandos. Unsere Hunde-

Unsere Beardies, diese zotteligen Hirtenhunde, sind auch für den Hundesport bestens geeignet.

Das Graben von Löchern – ein Urinstinkt – ist bei unseren Hunden auf bestimmten Flächen erlaubt.

pfeife ist hier ein gutes Hilfsmittel, da man damit wesentlich differenzierter arbeiten kann als mit der Stimme. Dann werden alle abgelegt, abwechselnd einzelne Hunde herangerufen, diese kurz gelobt und wieder zurückgeschickt. Inzwischen sind bei uns dann die Freilandschweine in Aktion getreten. Sie lieben das Spiel, wenn sie die ganze Hundemeute, getrennt durch den Weidezaun, so richtig provozieren können. Sie laufen am Zaun hin und her und wissen natürlich, dass der Elektrozaun ein sicherer Schutz vor den Hunden ist. Ich bin aber nicht sicher, sollte einer der Hunde den Zaun überwinden, ob er nicht den Kürzeren bei einer Auseinandersetzung mit ihnen ziehen würde. Jetzt kommt wieder der Mensch ins Spiel. Die Hunde werden mit einem Arbeitskommando in Richtung Zaun und Schweine geschickt, kurz dort gelassen und mit einem „Fertig und Hier" wieder zurückgeholt. Schließlich beginnt dann endlich die Freizeitphase unserer Hunde. Die einen graben Löcher in die Wiese: eine Beschäftigung, die ich als hundegerechtes Verhalten ausdrücklich erlaube. Die anderen arbeiten an ihrem Sozialstatus. Einige sind in Spiellaune, meist die Jüngeren, und der Rest ist mit der Nasenarbeit beschäftigt. Über Nacht ist auf der Wiese bestimmt so einiges an anderem Getier unterwegs gewesen, was es dann durch die Geruchsanalyse zu ergründen gilt.

Das alles war bis hierhin der Auslauf auf unseren umliegenden Weideflächen. Jetzt geht es zurück in den Hofbereich. Das Hoftor ist geschlossen, da auf dem nächstgelegenen Flurweg auch häufig Spaziergänger mit Hunden unterwegs sind. Wenn wir dann die anderen Tiere versorgen, die sich auf dem Hof befinden, wird auch dieser Bereich von unseren Hunden gründlich inspiziert. Der eine ist auf Hühnereier-Suche spezialisiert, der andere findet einen längst vergrabenen Knochen und wieder ein anderer kann seinen Blick nicht von den Schafen oder Rindern abwenden. In dieser Zeit ist so einiges erlaubt – außer Hühner jagen natürlich. Jetzt kommt auch langsam die Zeit, wo die ersten, meist älteren Hunde wieder ihr Ruhebedürfnis pflegen möchten. Die Zwingertüren stehen offen und die ersten Hunde liegen dann unaufgefordert wieder in ihrer Ruheecke. Die anderen werden schließlich ebenfalls mit einem entsprechenden Kommando dorthin geschickt. Jetzt beginnt übergangslos die Wächterarbeit. Die Zwingeröffnung ermöglicht Sicht über einen Großteil des Hofbereiches. Ankommende Besucher werden begrüßt oder auch verbellt. Es ist erstaunlich, wie gut die Hunde fremde Autos von bekannten unterscheiden können. Postboten und Bekannte verbellen ist ein absolutes „No-Go" bei uns. Hühner und Katzen provozieren die Hunde ähnlich wie die Schweine. Sie wissen ebenfalls, dass ein stabiles Gitter von den Hunden nicht überwunden werden kann. Alle paar Tage gibt es auch ein „Gemeinschaftsheulen". Da ich nicht sicher bin, ob diese Urlaute auch im Dorf willkommen sind, muss dann mein Verbotspfiff für Ruhe sorgen. Einen diesbezüglichen Kommentar unserer fünfjährigen Enkelin: „Lass doch die Hunde singen, Opa" muss ich ausnahmsweise zwischendurch, wenn sie gerade auf dem Hof ist, befolgen. Wenn dann im weiteren Tagesverlauf, bevor die Hunde wieder zum Freilauf kommen, noch Zeit und Bedarf besteht, gibt es für Einzelhunde Trainingseinheiten am Vieh oder auch Unterordnungsübungen. Das Erlernen der Leinenführigkeit oder auch diverser Kunststücke ist der sporadischen Einflussnahme unserer Enkel überlassen. Für anstehende Arbeitseinsätze kommen die bereits ausgebildeten Hunde zwischendurch natürlich auch abwechselnd immer wieder zum Einsatz.

Das war jetzt eine ausführliche Beschreibung. Ich hoffe aber, dass das Landleben unserer Hunde dadurch einigermaßen verständlich dargestellt werden konnte.

Jetzt zurück zu unserem ursprünglichen Thema Auslastung – oder besser ausgedrückt – sinnvolle Beschäftigung der Hunde, die nicht als Gebrauchshunde tätig sind. Grundsätzlich kann dabei zwischen einer **Passiv-Variante:** (riechen, sehen, hören und fühlen) und einer **Aktiv-Variante:** (laufen, jagen und Beute machen) unterschieden werden.

Mimik, energetische Wahrnehmung und teilweise auch Riechen haben wir bereits angesprochen. **Die Aktivierung des Geruchssinnes** ist eine äußerst effektive Beschäftigungsvariante. Suchspiele in der Wohnung, im Garten oder im freien Gelände können durch vielseitige Anordnungen zum Einsatz kommen. Der Phantasie sind dabei keinerlei Grenzen gesetzt. Einen Futterparcours aufbauen, eine interessante Spur legen, irgendetwas suchen und bringen lassen und vieles mehr. Fakt ist, die Sucharbeit verbraucht Energie, kann relativ ruhig vonstatten gehen und endet mit einem Erfolgserlebnis. In diese Kategorie gehört natürlich auch der ausgiebige Spaziergang, wenn möglich in freier Natur und ohne Leine. Die Eindrücke, die der Hund dabei sammeln kann, und das „Nachrichtenlesen", das ihm dabei geboten wird, ist eigentlich durch nichts zu ersetzen. Für den Großteil unserer Hunde kann ein interessanter Spaziergang bereits die beste und zugleich effektivste Auslastungsvariante bedeuten. Wenn sich bei diesen Spaziergängen das Treffen mit anderen Hunden und auch Menschen ergeben sollte, umso besser. Die Interaktion mit fremden Hunden verschiedener Rassen und unterschiedlicher Altersgruppen kann ein weiterer Passivposten sein, der unbedingt mit in das Alltagsgeschehen eingeplant werden sollte. Hundeschulen, Vereinshundeplatz und natürlich Treffen mit Bekannten sind weitere Möglichkeiten. Bei diesen Gelegenheiten können alle Sinne aktiviert und auch ausgelastet werden, die ansonsten im Rudelverbund zum täglichen Brot gehören. Wieder eine Gelegenheit, dem Hund eine positive, die Sinnesempfindungen ansprechende, Beschäftigung zu geben.

Kommen wir zu den wohl gebräuchlichsten **Aktiv-Varianten:** Zum Laufen, Rennen, Finden und Bringen ist das Stöckchen- oder Bällchenwerfen weit verbreitet. Damit es nicht zu einem unkontrollierten, unnötigen Herumhetzen ausartet, gilt es einiges zu beachten. Als Erstes sollten wir uns überlegen, welchen Gegenstand wir werfen wollen. Soll es ein beliebiger Stock sein, ein gebrauchter Tennisball oder ein spezieller, nur für diese Übung verwendeter Gegenstand? Gegen Stöckchen spricht, dass sie überall herumliegen. Der Hund könnte dich dann ständig damit belästigen, in dem er sie dir unaufgefordert vor die Füße legt. Der Tennisball besteht aus einem Werkstoff, der den Zahnschmelz des Hundes beschädigt. Käufliche, spezielle Hilfsmittel gibt es in allen Variationen. Exotische Namen wie zum Beispiel „Preydummy" (ein spezieller Futterbeutel), sind da keine Seltenheit. Wichtiger als der Wurfgegenstand ist jedoch die Ausführung. Zum einen wollen wir den Hund in Kondition bringen, zum anderen soll dies unter bestmöglicher Kontrolle stattfinden. Also: Hund ablegen, werfen und erst dann auf Kommando losschicken. Gesteigerter Schwierigkeitsgrad: Hund ablegen, werfen, warten, schicken, vor dem Gegenstand nochmals ablegen und dann erst das Kommando „Bring" erteilen. Den Abschluss dann mit Lob belohnen. Für Fortgeschrittene gibt es natürlich noch die verschiedensten weiteren Möglichkeiten: Entfernung ausbauen (man sollte immer erst mit kurzen Distanzen beginnen), Stoppbefehl zum Steh ausbauen, Geschwindigkeitsvarianten einführen und als Abschluss den Hund das Bringsel in den dafür vorgesehenen Behälter legen lassen.

Ein weiterer Aktivposten, der angeblich für die Hunde besondere Auslastung bewirken soll, sind **Zerrspiele.** Hier gehen aber die Meinungen weit auseinander.

Befürworter sind der Meinung, dass der Hund seine angestaute Energie abreagieren kann, damit er im Haus dann das gute Sofakissen nicht zerlegt. Gegner sehen die Gefahr, dass der Hund zu aggressivem Verhalten animiert wird. In unserem Rudel kann ich Zerrspiele vor allem bei den Welpen beobachten. Es ist wohl eine Übung

Entspannung und Konzentration kurz vor der Teilnahme an einer Europameisterschaft mit unserem Hund Moss.

zum Kräftemessen und eine Vorbereitung auf das spätere Beutemachen, das ihnen – sie können es in diesem Alter aber nicht wissen – nie erlaubt sein wird. Die erwachsenen Hunde werden zwar durch Zerren Fleisch vom Knochen abtrennen, wenn derartiges Futter gelegentlich im Angebot ist. Zerren, um dem Gegner etwas abzunehmen, ist in unserem Rudel meist nur für Sekundenbruchteile zu sehen. Warum? Weil im Rudel die Dominanzverhältnisse ziemlich klar geregelt sind. Wenn ich jetzt mit meinen Hunden ein Zerrspiel veranstalten würde, was würden meine Hunde damit verbinden? Ich glaube – aber glauben heißt nicht wissen – sie wären sich meiner Position im Rudelverbund nicht mehr sicher. Um es kurz zu machen: Ich würde nie auf die Idee kommen, meine Zeit mit Zerrspielen zu verbringen. Erstens: Die wenigsten Hütehunde sind Haudegen, die sich derartig abreagieren müssen. Zweitens: Warum die Produktion von Stresshormonen hochfahren, wenn im Alltag eigentlich ein ruhiger Hund erwünscht ist? Und drittens: Ich erlaube meinen Hunden in keiner Weise, dass sie mir ein Stück Beute streitig machen. Solltest du aber der Meinung sein, dass Zerrspiele dem **Sensiblen** etwas mehr Selbstvertrauen bringen könnten, warum nicht? Einen Versuch ist es wert.

Zu den Auslastungsvarianten könnte natürlich noch eine ganze Reihe von praktizierten Techniken aufgeführt werden, die aber anderweitig zur Genüge beschrieben werden. Ob sinnvoll oder nicht, muss natürlich jeder selbst entscheiden. Das Fußballspielen gemeinsam mit dem Hund möchte ich aber noch ansprechen. In unserem Dorf konnte man über mehrere Jahre einen Jungen am Fußballplatz beobachten, wie er gekonnt mit seinem Border Collie eben dieses Spiel mit dem Ball, **„Hundefußball“**, gespielt hat. Es war geradezu eine Augenweide, wie die zwei dabei harmonierten. Schießen, jagen, stoppen und alles, was zu diesem Spiel dazugehört. Nach gut einer halben Stunde wurde dann der Ball wieder gesäubert, eingepackt und der Junge fuhr mit seinem Fahrrad und dem nebenher laufenden Hund wieder nach Hause. Analog dazu spielten unsere Enkel früher im Hofbereich ebenfalls gerne Hundefußball. Sie mussten aber schnell lernen, dass erstens nur jeweils ein Hund dabei sein durfte, und dass zweitens die Lebensdauer der Bälle nicht allzu groß war. Eine weitere ungünstige Folge dieses Spieles war, dass der achtlos vergessene Ball innerhalb kürzester Zeit von freilaufenden Hunden unbrauchbar gemacht wurde. Im Rudelverständnis war der Ball eine Beute, mit der man spielte, ihr nachjagte und sie schließlich erlegte. Die Enkel sind inzwischen alle sportlich mit Ballsportarten aktiv und wissen, was ein solcher Ball kostet. Fazit: Bälle wegräumen und Hunden das Ballspielen erst gar nicht beibringen, ist bei uns jetzt die Lösung.

Ob Zerrspiele mit dominanten, erwachsenen Hunde wirklich nötig sind, ist in den meisten Fällen eher fraglich.

„Das Hüten gehört zum Hütehund." Meine Einstellung dazu: Stimmt – mit Einschränkungen.

Ich erlaube mir wieder einmal einen Vergleich mit der Gattung Homo. Auch wir sind immer noch Jäger und Sammler. Aus den Jägern mit Speer, Pfeil und Bogen und aus Wildnis-Sammlern sind wir zu Schnäppchen-Jägern und Supermarkt-Sammlern mutiert. Diese Anpassungsveränderung kann man, analog dazu, auch bei all unseren Gebrauchshunden beobachten. Dein Hütehund, egal zu welcher Rasse er gehört, welche Wesenseigenschaften er besitzt und welchen Umwelteinflüssen er ausgesetzt ist, wird immer noch ein Kind seiner ursprünglichen Gene sein. Ob du ihn zum Hüteeinsatz brauchst oder nicht – die Hüteveranlagung wird er über Nacht nicht ablegen.

Wenn du ihn für die Arbeit am Vieh benötigst, ist die Fahrtrichtung klar vorgegeben. Du wirst ihn für die Hütearbeit ausbilden. Wenn du ihn zum Sport oder ganz einfach als Familienhund halten möchtest, dann musst du dir dieser Hüteveranlagung aber immer bewusst sein. Wenn das so ist, werden kleine Hüteeskapaden im Alltag relativ gut unter Kontrolle zu bringen sein. Hackenzwicken, Reifenbeißen, Autos und Fahrradfahrer jagen – alles Möglichkeiten, mit denen zu rechnen ist. Erfolgreich wirst du aber nur sein, wenn du rechtzeitig gegensteuerst und genügend Führungsqualitäten und Fachwissen hast, es zu unterbinden. Wir werden uns später noch eingehend damit befassen.

Du hast dich entschlossen, deinen Hund für die Hütearbeit auszubilden. Dass es da so einiges gibt, dessen man sich bewusst sein sollte, dürfte eine Selbstverständlichkeit sein. Für die Hütearbeit werden Instinkte aktiviert, die besondere Fachkenntnisse verlangen. Außerdem, entschuldige bitte meine diesbezügliche Direktheit: Mit Leckerli- und Streichelzoo-Mentalität wirst du bei diesem Vorhaben Schwierigkeiten bekommen. Das Klischee „Die Geister, die ich rief..." könnte somit eine Entwicklung einleiten, die dir einiges abverlangen wird. Meine erste Frage, wenn jemand ohne Hüteerfahrung seinen Hund kurz bei den Schafen ausprobieren möchte, ist: „Willst du das wirklich und bist du sicher, dass du ihn auch stoppen kannst?" Die Stoppfrage ist für viele schon fast eine Beleidigung. Selbst erfolgreiche Hundesportexperten werden bei diesen ersten Versuchen oftmals einige Überraschungen erleben. Der ansonsten absolut kommandotreue Hund ist auf einmal wie verwandelt? Stopp? Fehlanzeige; Aufhören und herkommen? Ebenfalls nicht! Alles Verhaltensweisen, die man von dem typischen **Macher**, der seinen Hetztrieb plötzlich entdeckt hat, erwarten kann.

Aber keine Angst! Wenn du dich wirklich mit dem Hütetraining befassen möchtest, dann gibt es Möglichkeiten und Hilfsmittel, derartige Überraschungen zu vermeiden. Grundsätzlich muss man sich aber über folgende Fragen klar werden: Gibt es vernünftige Trainingsangebote? Habe ich und hat natürlich auch mein Hund die nötigen Voraussetzungen dafür? Und habe ich auch den starken Willen, diese zusätzliche

Aufgabenstellung zu meistern? Man sollte auf keinen Fall denken, an jeder Ecke gibt es einen Schäfer, der nur darauf wartet, das du mit deinem Hund seine Schafe vom Fressen abhältst. Du wirst bei deinem Hund Sinne aktivieren, mit denen du lange Zeit leben musst. Bist du erfolgreich, wirst du ein noch innigeres Verhältnis zu deinem Hund bekommen, als du jetzt schon hast. Du wirst lernen, die Hundeseele noch viel tiefer zu verstehen. Er wird dich als Führungskraft auf höchster Ebene wahrnehmen. Und, nicht zu vergessen, das Jagen von Autos, Fahrradfahrern und Wild wird kein Problem mehr bedeuten. Er musste ja möglichst schnell lernen, jederzeit von seiner Jagdbegierde abrufbar zu sein. Ob du mit dem Hüten auch den Auslastungsgedanken mit ins Spiel bringst, möchte ich aus meiner grundsätzlichen Einstellung zu dieser Sache nicht beantworten. Mit dem Hütetraining wird auch ein erheblicher Zeitaufwand verbunden sein. Mit nur gelegentlichen und auf wenige Trainingseinheiten beschränkten Übungen wirst du nicht viel Erfolg haben. Besonders in der Anfangszeit wäre es sinnvoll, wenn du dich mehrmals in der Woche damit beschäftigen könntest. Abschließend zu dieser Thematik muss ich aber noch eine Anmerkung anbringen. **Jeder, der dir erzählen will, dass ein Hütehund, wenn er nicht hüten darf, automatisch zum Problemhund wird, weiß nicht, wovon er spricht. Es gibt einfach genügend Beispiele, dass dies nicht der Fall ist.**

Mein größter Wunsch wäre aber ein ganz anderer: Alle, die meinen, über Hütehunde berichten zu müssen, die verantwortlich für das Zuchtwesen und die Ausbildung sind und die diese Hunde auch für den Zuchteinsatz beurteilen, sollten wenigstens einmal in ihrem Leben einen Hütehund für die Hütearbeit selbst ausgebildet haben. Erst dann kann man sich ein Urteil über Eigenheiten, Bedürfnisse und züchterische Vorgaben zum Erhalt dieser ganz speziellen Hunde erlauben. Aber um meine Wünsche geht es hier nicht. Andere setzen hier die Richtschnur. Es bleibt nur die Hoffnung, dass dabei auch irgendwann die richtige Weitsicht gefunden wird.

„Hütehunde sind besonders gelehrig.“ Diese Annahme könnte für manche so einiges an Überraschungen mit sich bringen. Hütehund ist nicht gleich Hütehund.

Außer den unterschiedlichen Wesensmerkmalen haben wir auch die unterschiedlichsten Arbeitsvarianten. Border Collie und Kelpie werden völlig anders zu diesem Thema betrachtet werden können als ein reiner Treib- oder Schutzhund. Besonders unter den Bogenläufern gibt es natürlich Hunde, die man mit dem Ausdruck „hochbegabt“ bezeichnen könnte. Das soll aber nicht heißen, dass andere Hunde diese Intelligenz nicht besitzen. Besonders begabt oder gelehrig zu sein, kann auch ein Problem bedeuten. Wenn man manchmal beobachtet, wie solche Hunde es verstehen, den Hundeführer aufs sprichwörtliche Glatteis zu führen, dann braucht man davon nicht besonders überrascht sein.

Zu diesem Thema zwei kurze Geschichten: Eine Familie kauft zehn Hühner, neun braune und eine weiße Henne. Es gibt täglich braune Eier, aber kein weißes. Was ist die Ursache? Des Rätsels Lösung ist folgende Routine: Das Huhn ist auf Nestsuche. Der angekettete Hund kommt aus seiner Hütte, entfernt sich so weit die Kette es erlaubt und liegt dort regungslos. Das Huhn trippelt in die Hütte und kommt nach getaner Arbeit stolz wieder zum Vorschein. Sobald das Huhn sich weit genug entfernt hat, marschiert der Hund zurück in die Hütte und genießt dort sein tägliches Frühstücksei.

Unser Hund Moss, sehr gelehrig, aber auch besonders trickreich, also ein hochprozentiger **Denker**: Jede Nacht, kurz bevor ich einschlafe, bellt er. Mit kurzen Lauten, kaum hörbar, aber für mich sehr nervig. Ich stehe auf, öffne das Fenster und erteile das Kommando „Ruhig!". Er verstummt sofort und ich kehre ins Bett zurück. Kurz nachdem ich fast erneut einschlafe, das gleiche Spiel. Es ist zum Verrücktwerden. Jede Nacht dasselbe, aber nur zweimal, das zu seiner Verteidigung. Was will er damit erreichen? Meine Analyse: Er will mich nur daran erinnern, dass er noch da ist und dass er mein bester Hund ist. Meine Lösung nach langem Leiden (ich muss zugeben, es hat mir einiges an Kopfzerbrechen bereitet): Schlafzimmer nach außen dicht machen und Ohropax Classic in die Ohren. Nachdem Moss einige Zeit keinen Erfolg mehr mit seiner Methode erzielen konnte, hat er es dann auch zeitlebens nicht mehr versucht. Gott sei Dank!

Da Hunde kleiner sind als wir, neigen wir dazu, von oben auf den Hund einzuwirken. In der Körpersprache des Hundes drücken wir eine Drohung aus, die sich je nach dessen Charakter einschüchternd oder provozierend auswirkt.

So ist es für beide schon wesentlich angenehmer.

Mit derartigen Geschichten und Überlistungsversuchen im Zusammenhang mit Tieren – und speziell mit unseren Hunden könnte man umfangreiche Bücher füllen. Wir bräuchten dazu wahrscheinlich nur einmal einige unserer näheren Bekannten befragen.

Zusammenfassend zum Verständnis von sinnloser – oder besser: sinnvoller – Beschäftigung, Auslastung, Hüten und Gelehrigkeit unserer Hunde kann gesagt werden: Es gibt unterschiedlichste Meinungen und entsprechend auch verschiedenste Methoden. Unser Ziel muss in jedem Fall sein, einen Weg zu finden, der das Zusammenleben mit unseren Hunden zur beiderseitigen Zufriedenheit gestaltet. Die Mehrheit der Hundehalter wird wohl grundsätzlich mit den mehr auf Beruhigung ausgerichteten Aktivitäten erfolgreich sein. Unter Berücksichtigung der unterschiedlichen Wesensmerkmale unserer Hunde könnte die Folgerung obiger Überlegungen auch lauten: Den Sensiblen stärken, den Macher beruhigen und sich vom Denker nicht überlisten lassen!"

Jetzt zu einigen weiteren Redensarten, die meines Erachtens mit einer gewissen Differenzierung besser angewandt werden können. Die Reihenfolge ist willkürlich gesetzt und trägt keine Aussage zu ihrer Wichtigkeit. Die Auswahl der Themen ist auch nur ein kleiner Ausschnitt aus vielen möglichen Redensarten. Im Umgang mit unseren Tieren gibt es eine Vielzahl von Aussagen, die man durchaus in die Kategorie „Halbwahrheiten" einordnen kann. Die ganze Wahrheit zu ergründen, sollte immer einen Versuch wert sein. Ich bitte um Verständnis, dass folgende Auflistung keinen Anspruch auf Vollzähligkeit erhebt. Eigentlich soll damit nur zum kritischen Hinterfragen von gängigen Redensarten angeregt werden. Ich möchte auch darauf hinweisen, dass allgemeine Verhaltensprobleme, die im Zusammenhang mit Hütehunden vorkommen können, nicht Bestandteil meines Buches sind. Hierzu gibt es reichlich anderweitige Literatur. **Mein Anliegen ist es vielmehr, Probleme durch entsprechendes Fachwissen gar nicht erst entstehen zu lassen. Lass dich überzeugen! Ich glaube daran!**

„Bestimmte Hunderassen wildern nicht." Sie werden deshalb auch als ideale Reitbegleithunde angepriesen.

Der Beweis, dass auch diesen Hunden das Nachjagen von Wildtieren nicht angelernt werden kann, müsste erst einmal erbracht werden. Alles, was es braucht, ist ein zweiter Hund mit entsprechender Erfahrung und natürlich Hunde, die auch körperlich dazu in der Lage sind. Fast alle unsere Hütehunde haben genügend Laufpotenzial, um den Wildtieren gefährlich zu werden. Mit diesem Problem werden natürlich besonders unsere Jagdhundbesitzer konfrontiert sein. Einige dieser Hunde werden deshalb auch mit speziell für Haustiere entwickelten GPS-Sendern versehen. Jagende Hunde können weite Strecken zurücklegen und damit wenigstens nicht verloren gehen.

Wie kann das Wildern vermieden oder unter Kontrolle gebracht werden? Das sind Fragen, die auch viele unserer Hütehunde-Besitzer beschäftigen. Umfangreiche diesbezügliche Ratschläge sind ebenfalls in etlichen Publikationen beschrieben. Die effektivste Methode für Hütehundebesitzer ist die gründliche Hüteausbildung. Das Erste, was unsere Hunde bei der Hütearbeit lernen müssen ist, das Abrufkommando in jeder Lage und Situation zu befolgen. Die wenigsten unserer Familienhunde werden diese Möglichkeit natürlich in Anspruch nehmen können. Aufzupassen ist somit die effektivste Methode – und zwar bereits im Welpenalter beginnend. Sobald der Hund die kleinsten Zeichen erkennen lässt, dass er Wild, Autos, Fahrräder oder andere bewegliche Objekte intensiv wahrnimmt, muss dies unterbunden werden.

Hier ein Negativbeispiel, wie ein Hund durch ungewolltes Verhalten des Halters zum Wildern angeregt wird: Der Hund hat schon entsprechende Vorkenntnisse in der Wildverfolgung. Meist läuft er zwar an der Leine, manchmal aber eben auch nicht. Der Hundeführer sieht einen Hasen und ruft ein panisches „Hier!". Dieses spezielle „Hier" ist für den Hütehund aber ein Zeichen, dass sein menschlicher Begleiter Wild gesehen hat, der ja durch seine Größe einen besseren Überblick hat als er. Aufgrund seiner früheren Erfahrung mit diesem Kommando wird er es in dieser Situation als Aufforderung zum Jagen verstehen. Je eindringlicher die Hier-Aufforderungen dann zu hören sind, umso mehr wird er zur Jagd angeregt

Die Urinmarkierung enthält Informationen für Artgenossen.

werden. Ich werde zum Thema Wildern/Jagen unter Freilaufverhalten noch einmal Stellung nehmen.

Ein weiteres zu beachtendes Vorkommnis ist die Rudeldynamik. Sind mehrere Hunde freilaufend unterwegs, dann braucht es nicht viel, um sie in Jagdlaune zu bringen. Bei unserem Rudel wird täglich mehrmals das kollektive Ablegen trainiert, das auch mit hoher Sicherheit funktioniert. Trotzdem hatten wir schon gelegentlich die Situation, dass plötzlich ein Reh aus dem nahen Wald auf unsere Wiese läuft. In dieser

Der Australian Koolie ist ein robuster Arbeitshund mit einer breiten Palette an Fähigkeiten.

Situation kann ich die etwas älteren Hunde mit genügend Hüte-Erfahrung relativ sicher stoppen. Die Junghunde aber werden, sind sie einmal in Hetzlaune, kurzzeitig auf keinerlei Kommando reagieren. Wenn ich Glück habe, wird der eine oder andere nach kurzer Hetzte wieder zurück zum Rudel kommen. Wenn nicht: Unser relativ weitläufiges Grundstück ist eingezäunt. Das Reh kann springen, unsere Hunde nicht. Zäune überspringen wird unseren Hunde nicht angelernt und ist grundsätzlich für sie verboten. Das Reh ist über den Zaun gesprungen und verschwunden. Jetzt wird das Kommando angenommen und alles ist wieder gut. Es gibt auch meinerseits in diesem Fall keine Maßregelung, die die Hunde sowieso nicht mit der Wildverfolgung verbinden würden. Sie könnten auch nicht verstehen, dass ich beleidigt bin, da sie doch das Rückrufkommando befolgt haben, sobald es für sie Sinn machte. Das Bestreben, wieder zurück beim sicheren Rudel zu sein, ist ebenfalls eine natürliche Reaktion auf den Gemeinschaftssinn der Hunde.

Die Tatsache, dass sie nur gemeinsam mit dem Rudel jagen, könnte auch der Grund sein, dass man bei gewissen Hunden von der „Nicht-Wildern-Genetik" überzeugt ist und sie deshalb als ideale Reitbegleithunde betrachtet. Pferd, Reiter und Hund sind eine Gemeinschaft, die ein Hund mit starkem Rudelverständnis nicht alleine zu Jagdausflügen verlassen wird. Diese Erkenntnis machen sich auch erfahrene Hundehalter, die mit mehreren Hunden unterwegs sind, zunutze. Beim Spaziergang in freier Natur wird nur immer einem der Hunde Freilauf gewährt. Die

Gefahr von Einzellaktionen ist dadurch meist besser beherrschbar.

Für Nichtschäfer abschließend noch eine Information: Ein Hund, der bei der Hütetätigkeit immer wieder Wildfährten begutachtet oder gar zum Wildern neigt, muss mit einer fristlosen Kündigung rechnen. Für den Schäfer gibt es nichts Schlimmeres als einen Hund, der nicht in allen Situationen vollständig verlässlich unablenkbar bei der Hütearbeit bleibt. Flurschäden, selbst größere Unfälle und nicht zu vergessen der Ärger, der mit ungeeigneten Hunden verbunden ist, sind alles Gründe für eine derartige Entscheidung.

„Sensible Hunde sind leichter auszubilden." Stimmt. Aber?

Zunächst einmal: Die Erkenntnis, dass es bei allen Hunderassen mehr oder weniger sensible Hunde gibt, dürfte uns allen verständlich sein. Bei unseren Hütehunden werden unter den Bogenläufern verhältnismäßig mehr Feinfühlige zu finden sein als bei anderen Rassen. Ich möchte sogar behaupten, dass selbst im Wolfsrudel starke Streuungen unter den Wesensmerkmalen vorhanden sind. Der **Sensible** könnte der mit den besseren Wächtereigenschaften sein. Genetisch könnte er für die Menschenscheue der Wölfe verantwortlich sein und somit die Überlebenstaktik beeinflussen.

Zurück zu unseren Hunden. Leichtere Erziehung, problemlose Haltung, bessere Kommandotreue sind Attribute, die man mit sensiblen Hunden verbindet. Zutreffen wird das vor allem auf das Unterbinden unerwünschter Eigenschaften. Sie werden also leichter vom Autojagen oder Wildern abzuhalten sein als etwa der heftige Draufgängertyp. Anders könnte es aber werden, wenn du dem **Sensiblen** etwas anlernen möchtest, das im Widerspruch zu seiner natürlichen Scheue steht. Das Aktivieren von Verhaltensanforderungen kann im Extremfall viel Zeit und besonders geduldige Menschen benötigen. Dies betrifft Hüte-, Sport- und Familienbedürfnisse gleichermaßen. **Wenn du ein einfühlsamer und empathischer Hundekenner bist, dann wirst du zu diesem Wesenstyp eine echte Verbindung aufbauen und viel Freude mit ihm haben.**

„Hunde sind kinderfreundlich." Diese Aussage wird leider allzu leichtfertig von bestimmten Leuten angepriesen.

Der Traum vom Kinderwagen im Garten und dem Hund, der daneben liegt, aufpasst und wenn nötig das Kind verteidigt, ist leider vielmals genau das: ein Traum. Oder: das Baby im Auto, der Hund ebenfalls und die Eltern müssen nur kurz zum Einkaufen gehen. Und wieder dieses grenzenlose Vertrauen in die zugedachte Beschützerfunktion. Hunde mit Kleinkindern unbeaufsichtigt allein zu lassen ist sträflicher Leichtsinn, verantwortungslos und an Naivität nicht zu überbieten. So würde ich diese Einstellung bezeichnen. Natürlich gibt es Hunde, die besonders geduldig sind mit allem, was sich in ihrer Umgebung abspielt. Eine gewisse Aggressionshemmung gegenüber Welpen und hoffentlich auch Kindern, ist Hunden teilweise angeboren. Bei Kindern muss man aber Folgendes bedenken: Wenn Kinder älter werden, könnte ein Hund deren Eingliederung in die Rangordnung aus seiner Sicht anders beurteilen, als wir Menschen uns das vorstellen. Ein Kleinkind wiegt in vielen Fällen ebensoviel wie der ausgewachsene Hund. Ist das Kind jetzt für den Hund ein erwachsenes Rudelmitglied oder wird es immer noch als Welpe wahrgenommen? Besonders offensichtlich könnte er seine Rangambitionen im Zusammenhang mit der Futterkonkurrenz zeigen.

Dazu eine Begebenheit aus unserer Familie: Der zwölf Monate alte Border Collie Rob wird aus England zugekauft. Nach einer kurzen Eingewöhnung darf er zum ersten Mal unter Aufsicht meiner Frau frei laufen. Unser kleinster Sohn Philipp, gerade einmal etwas älter als zwei Jahre, muss ebenfalls mit an die frische Luft. Alleine im Haus konnte er zu dieser Zeit nicht unbeaufsichtigt zurückgelassen werden. Obwohl wir bei fremden Hunden immer sehr vorsichtig sind, was ihre Verträglichkeit mit Kindern betrifft, sind Sohn und Hund plötzlich nicht mehr zu sehen. Meine Frau ist sofort alarmiert, sieht sich um und findet sie aber gleich wieder. Beide liegen auf dem Boden, Rob auf dem Rücken, die Kehle nach oben, und Philipp lachend obendrauf. Eine riesengroße Erleichterung mit gutem Ende. Es hätte aber auch anders kommen können!

Bei allen diesbezüglichen Überlegungen dürfen wir eines nicht vergessen: Der Hund gehört zu den Karnivoren, also den Fleischfressern, deren wichtigstes Werkzeug die Zähne sind. Es gibt Hunde, die nach außen hin hoch aggressiv sind, in der Familie aber lammfromm. Trotzdem – bitte immer auf die kleinsten Verhaltenseigenheiten in Bezug auf Kinder achten. Es beginnt oft scheinbar ganz harmlos. Beim Spielen vielleicht etwas grob, dann ein gelegentliches Knurren, ein Schnappen und irgendwann einmal kann dann daraus ein Beißen werden. **Der Hund ist am Ende immer der Böse, obwohl der Mensch eigentlich der naive Ignorant war.**

„Hütehunde haben die Veranlagung zum Fersenbeißen." Dazu muss man erst einmal wissen, dass nur ein gewisser Anteil der Hütehunde die genetische Veranlagung zum Fersengriff besitzt.

Es sind meist die etwas kleineren Treibhunde und auch einige der Bogenläufer. Bei den Furchengängern gibt es dann noch die Veranlagung zum Keulengriff. Bevorzugt wird von Schäfern aber der Rippen- oder Nackengriff, da er weniger Verletzungsgefahr für die Schafe bedeutet. Dieses Beißen einfach als gegeben zu akzeptieren, würde ich als Ignoranz beurteilen. Wenn einem Hund das Fersenbeißen

Der U-Pferch ist auch bei der Abtrennübung eine hilfreiche Anordnung.

am Nutzvieh ohne vorherige Aufforderung erlaubt wird, muss diese Unart dem Hundeführer angelastet werden. Ausbildungs- oder Führungsdefizite des menschlichen Partners sind die Ursache. Der Mensch ist für den Schutz seiner Tiere verantwortlich. Auch wenn es oft nur ein leichtes Zwicken in der Fersengegend ist, bedeutet es in der Regel unnötige Schmerzen und Verletzungsgefahr für seine Tiere. Wenn deinem Familienhund diese Unart als von Gott gegeben angelastet wird, hast du ein fundamentales Umgangsproblem mit dem Hund. Als Welpe hast du es akzeptiert, weil er ja so niedlich war und ein Hütehund das eben so gerne macht. Später bist du dann, wie auch der oben erwähnte Nutztierhalter, nicht mehr in der Lage, dieses Fehlverhalten in den Griff zu bekommen.

Dazu wieder ein Ereignis aus unserem Betrieb: Wir hatten einen Helfer, der sich eigentlich sehr gut mit unseren Hunden verstand. Eines Tages konnte ich aber beobachten, dass einer unserer Hunde ihm beim Gang über den Hof im besten Hütestil hinterherlief. Das gelegentliche, sanfte Zwicken hat unser Mitarbeiter dabei gar nicht wahrgenommen. Als ich ihn darauf ansprach, gab er zu, dass das schon manchmal passiert sei, es ihn aber nicht weiter störe. Für mich eine gänzlich inakzeptable Angelegenheit. Unser Hund hatte in diesem Fall den freundlichen Menschen als ein Lebewesen angesehen, das er gerne durch die Gegend treiben möchte. Der erste Lösungsversuch war aber zum Glück auf Anhieb erfolgreich. Mein Freund brauchte eigentlich nichts anderes tun als unseren Hund an die Leine zu nehmen. Jetzt mussten die üblichen Unterordnungsübungen absolviert werden: Laufen, ablegen, Hier-Kommandos und eben alles, was man so von einem angeleinten Hund verlangen kann. Dem Hund musste eigentlich nur Folgendes klar gemacht werden: Dieser Mensch gehört zum Rudel, er ist kein Hüteobjekt und er ist in der Lage Kommandos zu geben, die du befolgen musst. Also bitte noch einmal: **Nicht alle Hütehunde sind Fersenbeißer. Wenn doch, so ist das nichts, was man nicht unterbinden könnte.**

„Die Prägung und frühe Sozialisierung ist verantwortlich für vieles."

Wenn ich diesen Ausspruch in mein Verständnis für eine mögliche Halbwahrheit einreihe, so sollen diesbezügliche Erkenntnisse der Verhaltensforschung keinesfalls angezweifelt werden. Werden aber Probleme, die mit dem Verhalten unserer Hunde auftreten, vorrangig mit Versäumnissen in der Prägungs- und Sozialisierungsphase entschuldigt, dann möchte ich da schon zu weiterreichenden Überlegungen anregen. Große Namen wie Konrad Lorenz, Eberhard Trumler, Erik Zimen, um nur einige zu nennen, haben sich ausführlich mit diesen Themen befasst und umfangreiche Erkenntnisse, die auch speziell die Hundehaltung betreffen, veröffentlicht. Es geht dabei vor allem um zeitliche Abläufe in der Prägung und Sozialisierung, die mit bestimmten späteren Verhaltensmustern einhergehen. Es wird aber auch immer wieder betont, dass Hunde im Prinzip ein Leben lang zur Sozialisation mit Menschen fähig sind.

Für unsere Hunde ist wichtig, dass sie bereits in den ersten Lebenswochen vielseitigen Kontakt mit Menschen, Gerüchen und andern Umweltreizen bekommen. Damit sie sich dann später auch als Sozialpartner in eine Gemeinschaft integrieren können, sind weitergehende Abläufe verantwortlich, die aber nicht Thema dieses Abschnittes sind. **Meine Fragestellung ist eine andere: Was passiert mit einem Hund, der ohne oder nur mit sehr wenig menschlicher Einflussnahme sein Welpen- und Jugendalter verbracht hat? Gibt es das in unserer Zeit überhaupt noch? Wenn ja, werden solche Hunde jemals brauchbare menschliche Gefährten sein?**

Wenn von Prägung und Sozialisierung die Rede ist, dann wird gerne der Eindruck erweckt, dass diese unwiderruflich und nicht mehr nachholbar sind. Hier möchte ich doch meine bescheidenen Zweifel anmelden und auch das eine oder andere vorsichtig hinterfragen. Als Nichtwissenschaftler kann man sich da schnell auf dünnes Eis begeben. Aber denken wir einmal an die Hunde, die von Urlaubsreisen mitgebracht werden. Es wird dabei auch des Öfteren vom „Hunderetten" gesprochen. Auch gibt es anerkannte und überwachte Zuchtstätten, bei denen mehrere gleichaltrige Würfe keine Seltenheit sind. Ob da im Sinne der theoretischen Verhaltensvorgaben jeder Welpe auch umfangreiche menschliche Kontakte erfahren konnte? Ich meine, das ist bestimmt nicht immer der Fall. Das Gleiche gilt auch für viele der aus dem Ausland geretteten Hunde.

Wir holen sporadisch immer wieder zur Blutauffrischung Hütehunde aus Großbritannien. Da kann es schon vorkommen, dass dort besonders in der arbeitsreichen Lammzeit wenig Zeit für menschliche Zuwendung vorhanden war. Die Würfe haben ihrem Naturell entsprechend gute Behausungen und die Mütter werden gut versorgt. Eine dieser importierten Hündinnen ist mir in diesem Zusammenhang besonders im Gedächtnis geblieben. Die Hündin Bet kam im Alter von zwölf Monaten zu uns. Kurzhaarig, sehr schnell, mit besten Hüteeigenschaften. Nur mit Menschen konnte sie nicht viel anfangen. Sobald man ihr näherkam, suchte sie nach Fluchtmöglichkeiten und versteckte sich am liebsten in der Scheune zwischen den Strohballen. Wir konnten sie anfänglich nur mit einer möglichst langen Schleppleine frei laufen lassen. Wir mussten sie also unter vielen freundlichen Worten mit der Leine herholen, gut loben, etwas hinter den Ohren kraulen und dann wieder zurück zu ihrem Ruheplatz bringen. Um es kurz zu machen: Bet hat sich nach etwas längerer, geduldiger Zuwendung zu einem Hund entwickelt, der auf das leiseste „Hier-Kommando" wie ein Pfeil auf uns zukam und begierig auf ihre Anerkennung wartete.

Was ich damit sagen will: **Probleme, die wir mit unseren Tieren und auch mit unseren Mitmenschen haben, sollten wir nicht vorschnell mit der frühkindlichen Prägung und Sozialisierung entschuldigen.** Wir, und natürlich ebenso unsere Tiere, sind einem ständigen Prägungsprozess ausgesetzt. Vieles ist heilbar und kann durch gezielte Einflussnahme korrigiert bzw. in die richtige Bahn gelenkt werden. Alles, was mit Jagen, Beutegeschehen und Territorialansprüchen im Zusammenhang gesehen werden kann, wird sich unseren Hütehunden leichter einprägen lassen, als etlichen anderen Hunderassen. Zugegeben, die Abgewöhnung dieser einmal von unseren Hunden gemachten Erfahrungen kann schon einiges an Kopfzerbrechen bereiten. Mit entsprechender Geduld und Fachwissen wird sich aber auch hier eine Lösung finden lassen. **Vergessen dürfen wir in diesem Zusammenhang auch nicht, dass sich der Hund zeitlebens an deinem Umgang mit ihm orientieren wird. Er wird dich – genauso wie du ihn – beeinflussen und prägen. In deinem und meinem Fall natürlich zum Wohle für Hund und Mensch gleichermaßen.**

Jetzt aber kommen wir zu wesentlich einfacheren Themen.

„Sind Hündinnen leichter zu handhaben als Rüden?" Dies ist meist die erste Frage, die die Menschen beschäftigt, wenn sie sich ihren ersten Hund zulegen.

Meine Antwort ist dann meist die Gegenfrage: Sind oder waren bei dei-

Altdeutsche Hütehunde zeichnen sich durch besondere Widerstandsfähigkeit und Vitalität aus. Die unermüdliche Furchenarbeit ist ihre besondere Spezialität.

nen Kindern die Mädchen leichter zu erziehen als die Jungen? Für Eltern hat sich dieses Thema dann meist relativ einfach erledigt. Bei kinderlosen Menschen muss man etwas ausführlicher diskutieren. Hündinnen sind frühreifer als Rüden. Das kann bei einem Junghund durchaus zwei bis drei Monate frühere Lernbereitschaft bedeuten.
Im weiteren Verlauf ihres Lebens ist natürlich das Läufigkeitsgeschehen für gewisse Stimmungsschwankungen und damit Verhaltenseigenheiten verantwortlich. Was die Leistungsfähigkeit und das Durchsetzungsvermögen speziell bei der Hütearbeit betrifft, sollte man Hündinnen keinesfalls als schwächer im Vergleich zu Rüden einstufen. Das Gleiche gilt für alle anderen Bereiche im täglichen Umgang mit ihnen. **Lernfähigkeit, Anschmiegsamkeit und alles, was den Umgang mit Hunden betrifft, ist meiner Erfahrung nach eher eine Frage angeborener Wesensmerkmale als eine Geschlechterfrage.**

„Das Bellen und Melden gehört zu den Aufgaben der Hütehunde.“ Diese Feststellung ist auf die Bewachungsaufgaben der Bauernhofhunde gegründet.

Inzwischen sind diese ursprünglichen Hofhunde aber weitgehend zu hochspezialisierten Hütegebrauchshunden weiterentwickelt worden. Wächtereigenschaften und Bellfreudigkeit sind – je nach Rasse und auch Wesenseigenschaften – unterschiedlich ausgeprägt. Bellt ein Hund, so hat er dir in der Regel etwas mitzuteilen. Auf abgelegenen Grundstücken kann das Ankündigen von Besuchern oder ungewöhnlichen Ereignissen durchaus erwünscht sein. In dicht besiedelten Wohngebieten sieht es natürlich wieder ganz anders aus. Grundsätzlich sollte uns bewusst sein: Das Bellen und Heulen ist bei fast all unseren Hunderassen in irgendeiner Form eine Ausdrucksvariante, also nicht nur eine Eigenheit unsere Hütehunde. In unserem Rudel kann ich eine starke genetische Veranlagung beobachten. **Hier ist es wieder der Machertyp, der sich gerne lautstark bemerkbar macht.** Das Alter und auch das Wetter scheinen auch eine gewisse Rolle dabei zu spielen. In hellen Mondnächten sind die Hunde aktiver als an schmuddeligen Regentagen. Gelegentlich gibt es bei uns auch ein wunderbares Rudelheulen, das wir zwar mit einem entsprechenden Kommando beenden können, dies aber nicht immer tun. Die Auslöser sind mit Sicherheit meist Geräusche, die wir Menschen teilweise zwar nicht mehr hören, die aber für unsere Hunde ein Grund für ein Antwortheulen sind. In unserer Gegend gibt es inzwischen einige Wolfsrudel; bestimmt auch ein Grund für eine artspezifische Kommunikation der Kaniden untereinander. **Bellen und Heulen sind nun einmal Zeichen, dass natürliche Instinkte noch weitgehend vorhanden sind. Glücklich sind Hunde, die diese Veranlagung, wenn auch von uns gezielt beeinflusst, gelegentlich ausleben dürfen.**

„Gebrauchshunde benötigten hochwertiges Futter.“ Unter hochwertig verstehe ich besonders protein- und fettreiche Nahrung.

Dieses könnte für Hütegebrauchshunde, die täglich eine größere Schafherde durch ununterbrochene Laufarbeit unter Kontrolle halten müssen, durchaus benötigt werden. Ebenso wird es für hochträchtige und säugende Hündinnen nötig sein. Unsere durchschnittlich beanspruchten Hunde sollten besonders hochwertiges Futter in den wenigsten Fällen benötigen, auch wenn sie sportlich aktiv sind oder zu normalen Treibarbeiten eingesetzt werden. Der Kalorienverbrauch und der benötigte Eiweißgehalt im Futter wird vielfach überschätzt. Hütehunde sind auf Grund ihrer Zuchtvergangenheit meist sehr gute Futterverwerter.

In diesem Zusammenhang fällt mir auch eine Begebenheit mit einem schottischen Schäfer ein. Wir waren in Schottland auf der Suche nach einem Hütehund. Es sollte unser erster Border Collie werden. Meine Befürchtung war: Können sich diese kleinen Hunde bei unseren schweren Merinoschafen überhaupt durchsetzen? Meine unqualifizierte Anfängerfrage an den ersten Schäfer, der uns seine

Hunde zeigte, war: „Warum züchtest du keine größeren Hunde?" Die kurze Antwort: „They eat more" – sie fressen mehr! Für mich damals eine typische schottische Denkweise. Inzwischen konnte ich natürlich lernen, dass diese kleinen Hunde an Durchsetzungskraft nicht zu überbieten sind. Außerdem sind sie dem schottischen Ansinnen entsprechend gute Futterverwerter. Unsere Hüteschäfer – besonders die bayerischen – bevorzugen teilweise einen relativ großen Hund. Das hat aber nicht unbedingt etwas mit der Hüteleistung zu tun. Der Grund ist vielmehr, dass größere Hunde häufiger zu dem Griff im Schulter- und Nackenbereich neigen. Die Schafe werden dabei weniger stark verletzt. Kleinere Hunde neigen eher zum Fersen- und Keulengriff. Verletzungen an den Füßen oder selbst am Euter können deshalb schwerwiegende Probleme mit sich bringen.

Bedenken sollte man auch, dass unnötig hochwertiges Futter auch gesundheitlich problematisch sein kann. Nieren und Leber können dadurch stärker belastet werden. Also noch einmal: Möglichst nur bedarfsgerecht, der Menge und dem Nährstoffverbrauch entsprechend füttern.

„Kehlezeigen ist die Konfliktlösung unter den Hunden." Diese vereinfachte Darstellung – der unterlegene Hund zeigt einfach einmal die Kehle und alles ist wieder gut – ist in Wirklichkeit alles andere als einfach.

Wenn Welpen ihre Dominanzspiele veranstalten, dann scheint alles erlaubt zu sein. Einmal ist der eine der Angreifer, das nächste mal der andere. Einer liegt unten, zeigt auch die Kehle, und das durchaus wieder mit Abwechslung. In dieser Altersklasse wird auch gebissen, gezogen, geschüttelt und alles gemacht, was man so für sein Jagdhandwerk im späteren Leben erlernen sollte. Die älteren Hunde haben normalerweise den Welpen gegenüber eine gewisse Beißhemmung. Welpen können ihre diesbezüglichen Spiele auch bei bestimmten älteren Hunden noch ohne Abmahnung veranstalten. Nicht alle der erwachsenen Hunde sind aber geduldig bei derartigen Spielchen.

Bei gewissen, auf hohe Aggression gezüchteten Rassen ist dieser Welpenschutz teilweise nicht mehr gegeben. **Also bitte Vorsicht, wenn du deinen Welpen mit anderen Hunden bekannt machen möchtest.** Im Rudel machen sich rangniedrige Hunde gerne ein infantiles Demutsverhalten zunutze. Sie machen sich möglichst klein, spielen Welpe, legen sich auf den Rücken und präsentieren ihre empfindlichste Stelle, den Halsbereich. Diese gespielte Rolle des hilflosen Welpen reicht meist aus, um dem Überlegenen seine Autoritätsansprüche ganz offensichtlich nicht streitig zu machen. Es ist eine der Möglichkeiten, die Rangordnung im Rudel zu festigen.

Bei manchen Hunden, besonders wenn sie Vollblut-**Macher** sind, solltest du hin und wieder mit kleinen Dominanzspielen deine Stellung entsprechend demonstrieren. Bei Hunden wird dies in der Regel durch bestimmte Imponieraktionen demonstriert. Diese können dabei sehr vielschichtig sein. Eine aufrechte Körperhaltung, verbunden mit leicht drohenden Lautäußerungen ist eine Möglichkeit, wie Hunde ihre Rangordnung im Rudel festigen. Auch das Einfordern einer Individualdistanz erwachsener Tiere gegenüber anderen Hunden wird von den Ranghöheren des öfteren verlangt werden. Durch Rangdemonstrationen können Rangniedrige auch zum Kehlezeigen genötigt werden. Wenn du das Gefühl hast, dein Hund möchte gerne seine Zweifel an deiner ranghöheren Stellung anmelden, dann könnten dieses hundlichen Vorgehensweisen Lösungsansätze für die Klärung deiner Position sein. Aber bitte sei vorsichtig, besonders wenn du Dominanzgebaren zum ersten Mal ausprobierst. Wenn deine Rudelposition aus der Sicht des Hundes schon lange nicht mehr der Alpha-Stellung entspricht, dann könnte er sich auch schon einmal mit den Zähnen zur Wehr setzen.

Hunde versuchen in der Regel ihre internen Rangeleien ohne ernsthafte Auseinandersetzungen zu lösen, wie Verhaltensforscher das auch von Wölfen berichten. Dafür gibt es eine Reihe von Verhaltenseigenheiten, die ernsthafte Kämpfe möglichst vermeiden sollen. Kommt es aber trotz alledem zu einem Kampf, dann ist die Zeit für Beschwichtigungsgesten vorbei. Ziel ist es dann vielmehr, den Gegner unschädlich zu machen. Wenn alles gut geht und auch das restliche Rudel nicht in die Kampfhandlungen eingreift, kann auch der Unterlegene noch am Leben bleiben – aber einfach nur deshalb, weil der Stärkere nicht mehr die Kraft hat, den Unterlegenen zu töten. **Kehle zeigen ist bei ernsthaften Auseinandersetzungen keine Konfliktlösung mehr.** Hundekämpfe zu beenden kann auch für den Menschen gefährlich werden. Auf keinen Fall darf man in den Beißbereich der Hunde kommen. Die einzige Möglichkeit, die mir hierzu einfällt, ist der Versuch, zu zweit die Hunde an den Schwänzen auseinanderzuziehen.

Dieser Bouvier des Ardennes zeigt bereits im Welpenalter, dass er furchtlos mit allem, was sich bewegt, zurechtkommen wird.

Die Klärung der Rangverhältnisse sind ein wichtiges Ritual in der Rudelgemeinschaft. Da sich die beiden Kontrahenten nicht direkt in die Augen schauen, kann eine körperliche Auseinandersetzung vermieden werden. Bill, der aktuelle Alpha im Rudel, beschränkt sich dabei ausschließlich aufs Beobachten.

Sinneswelt, Rang-, Rudelordnung und Hüteveranlagung

Sinneswelt der Hunde

Unsere Hunde nehmen die Umwelt anders wahr als wir Menschen. Das Wissen um ihre spezielle Sinnesleistung kann uns im Umgang mit all unseren Tieren helfen, sie besser zu verstehen. Bei jeder Tierart haben sich im Laufe ihrer Evolution Sinnesorgane herausgebildet, die ihr das Überleben unter den gegebenen Bedingungen ermöglichen. Die Sinnesleistung von Augen, Ohren und Nase, mit der sie ihre Umwelt erfassen, sind speziell auf ihre Bedürfnisse abgestimmt. Wie sie die Umwelt mit ihren Sinnesorganen wahrnehmen, hat natürlich auch mit den Anforderungen im täglichen Umgang mit ihnen zu tun. Alleine die Tatsache, dass unser Hund unsere momentane körperliche und psychische Verfassung auf Grund seiner Sinnesleistung bestens einschätzen kann, sollte uns immer bewusst sein.

Hören, Sehen, Riechen, Schmecken und Fühlen sind die Sinnesleistungen unserer Hunde, die in der gängigen Literatur vielfach und ausführlichst beschrieben werden. Dass unsere Hunde bei der Verwertung von Geruchsreizen besondere Fähigkeiten besitzen, ist uns allen bekannt. Sie können Duftstoffe in für uns unvorstellbar geringen Konzentrationen registrieren und verarbeiten. Auch die Hörempfindlichkeit des Hundes ist der des Menschen weit überlegen. Er kann auch wesentlich höhere Frequenzbereiche wahrnehmen. Hunde reagieren besonders auf hohe Töne sensibler als der Mensch. Auf eine weitere Vertiefung der elementaren Sinnesleistungen möchte ich auf Grund der vielfach anderweitigen vorhandenen Publikationen gerne verzichten. Zu einer ganz speziellen Sinnesleistung aller Lebewesen und besonders natürlich unserer Hunde, den ich als „Kommunikationssinn" bezeichnen werde, möchte ich aber noch einige Anmerkungen machen.

Das Heulen der Wölfe ist eine Kommunikationsform, die auch die meisten unserer Hütehunde noch gut beherrschen.

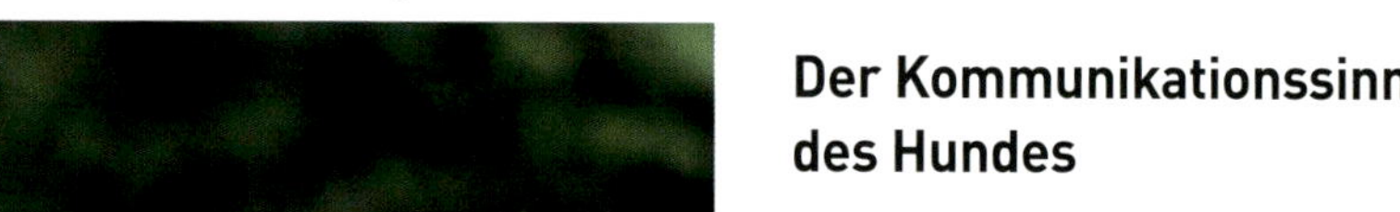

Der Kommunikationssinn des Hundes

Menschen kommunizieren in erster Linie mit Worten. Unbewusst ist aber auch unsere Körpersprache, Gestik und Mimik eine weitere Art der Kommunikation. Wir übermitteln zudem auch eine energetische Kommunikation. Wir sprechen dann zum Beispiel von einer positiven oder negativen Ausstrahlung. Bei den meisten Tieren ist die Kommu-

Der Junghund weiß, wie er sich in dieser Situation verhalten muss.

nikation durch Lautgeben im Vergleich zum Menschen mehr oder weniger unterentwickelt. Körpersprache, Gestik und Mimik sind bei Tieren aber relativ gut entwickelt. Der Ersatz für unsere Sprache ist beim Tier auch eine gewisse Fähigkeit zur energetischen Kommunikation. Man könnte diese Fähigkeit auch als Spannungsübertragung im weitesten Sinne verstehen – eine Kommunikation ohne Worte oder andere physikalische Signale. Es wird hier teilweise auch von telepathischer Nachrichtenübermittlung gesprochen. Wir alle, die wir schon länger mit Hunden zu tun haben, konnten erleben, dass der Hund meist schon vor uns weiß, dass wir mit ihm zusammen etwas unternehmen werden. Er hat dies schon registriert, bevor es uns eigentlich selbst schon ausreichend bewusst geworden war. Es handelt sich hier um eine Sinnesleistung, deren Ausmaß und Art uns Menschen nicht in vollem Umfang bekannt ist.

Hunde spüren unseren momentanen Gemütszustand, oder was in uns vorgeht besser, als es uns selbst oft bewusst ist. Sie hören weniger auf deine Worte als auf das, was du gerade ausstrahlst. Wenn beim Umgang mit Tieren eine gewisse Dominanz gefragt ist, dann sollte man diese besser auch durch seine Ausstrahlung verkörpern. Auch wenn es uns meist nicht direkt bewusst ist, so kommunizieren auch wir immer noch mit einer gehörigen Portion energetischer Ausstrahlung – sei es im zwischenmenschlichen Bereich oder aber auch mit unseren Tieren.

Diese energetische Kommunikation möchte ich aber auf keinen Fall mit einer Art hellseherischer Wahrnehmung verstanden wissen, dem sogenannten „siebten Sinn". Ich würde dafür eher die Fähigkeit der Tiere, sich an energetischen Signalen zu orientieren und ihre scharfen Sinne dabei zu nutzen, verantwortlich machen. Eine Sinnesleistung also, die oft auch „sechster Sinn" bezeichnet wird.

Weitere Sinnesleistungen

Es gibt natürlich auch noch eine Reihe weiterer Merkmale die man unter der Rubrik spezieller Sinnesleistungen unserer Hunde anführen könnte. Hunde haben zum Beispiel ein besonderes Gespür für wiederkehrende Abläufe. Darunter könnte man z. B. die Einordnung von Erfolgs- oder Misserfolgserlebnissen, Entfernungseinschätzungen, zeitlichen Ablauf der Geschehnisse und vieles mehr anführen.

Rang- und Rudelordnung

Wolf und Hund sind wahre Meister in der sozialen Interaktion. Wölfe leben in einem Familienverband mit hochentwickeltem Sozialverhalten und einer klaren Struktur. Eltern, Jährlinge und Welpen sind Teile dieses Gebildes. Das Wolfsrudel ist also unserer menschlichen Kleinfamilie gar nicht so unähnlich. Bei unseren Hunden ist das natürlich auch nicht viel anders. Wer schon einmal Besitzer mehrerer Hunde war, wird das bestätigen können. Diesbezügliches Wissen wird uns mit Sicherheit auch helfen, unsere Hunde besser zu verstehen. So mancher, sogenannte „Problemhund", wird sich gerade aus der Unkenntnis dieser „wölfischen" Eigenheiten erst dazu entwickelt haben.

Rangordnung

Um die Beziehung des Hundes zu uns Menschen zu verstehen, muss man erst einmal versuchen, die Beziehung der Hunde untereinander zu verstehen. Beginnen sollten wir als erstes mit dem Begriff „Rangordnung" und der Frage, was eigentlich darunter zu verstehen ist. Wenn wir an die täglichen Vorkommnisse bei unseren „menschlichen Aktivitäten" denken, dann wissen wir, dass auch unsere soziale Rangfolge von vielfältigen Beziehungen abhängig ist. Beim Umgang mit Vorgesetzten oder Arbeitskollegen – und selbst innerhalb der Familie – ist das Bestreben um eine Verbesserung der Position ein ständiger Begleiter unseres täglichen Lebens. Die Fragen von Rang, Status und Macht beschäftigt uns stetig.

Zurück zu unserem Hunderudel. Ich bin der Meinung, dass Rudelverhalten, Rangordnung und Dominanzgebaren immer noch auf einem Urinstinkt basieren, den ich, vereinfacht ausgedrückt, auf **„Ernähren und Vermehren"** zurückführen möchte. Der Ranghöhere hat besseren Zugang zur Beute und auch bessere Voraussetzungen, seine Gene weitergeben. Kompliziert wird in unserem Fall aber, dass wir als Menschen in das Rudelgeschehen unserer Hunde mit einbezogen werden wollen und müssen! Der Hund erwartet von dir, dass du dich ausnahmslos als der Ranghöhere bewährt hast. Hier besteht leider bei so manchem unter uns ein Problem. Und zwar dann, wenn der Mensch das Hundeverhalten-Einmaleins nicht gelernt hat oder nicht genügend beachtet. Nach meiner Auffassung ist dies das primäre Problem im Zusammenspiel zwischen Mensch und Hund überhaupt. Der Hund braucht diesbezüglich ganz klare Verhältnisse. Schon der Zustand „einmal darf er etwas, das andere Mal nicht", kann der Psyche deines Hundes extrem schaden. Nichtbeachtung von Kommandos bis hin zu unkontrollierbarer Aggressivität können die Folge sein.

Wenn man als Hundebesitzer oftmals nur etwas mehr Wert auf eine dem Rang entsprechende Verhaltensweise legen würde, gäbe es wesentlich mehr positiv gestimmte Mensch-Hunde-Partnerschaften. Unsere Hütehunde, die noch viele der ursprünglichen Gene in

Cattle Dogs sind kernige, temperamentvolle HH, die als arbeitsfreudig und lernbegierig bekannt sind.

ihrem Erbgut verankert haben, werden durch unklare Rangordnungsverhältnisse besonders beeinträchtigt.

Dominanzbeziehung

Der Ausdruck „Dominanz" wird in der Regel mit negativen Attributen wie Herrschen, Macht, Gewalt und Unterwerfung in Verbindung gebracht. Im Gegensatz zu dieser allgemeinen Interpretation möchte ich den Begriff „Sozialdominanz" in die Waagschale werfen und darf dazu einen Satz aus Erik Zimens Fachbuch „Der Hund" einfügen: „Die festgelegten Dominanzbeziehungen zwischen Tieren, die sich kennen, verhindern, dass bei jedem neuen Konflikt die Stärke der jeweiligen Gegner erneut getestet und darüber entschieden werden muss." Soziale-Dominanz dient also in Anlehnung an das Rangordnungsgebaren in erster Linie dazu, körperliche Auseinandersetzungen zu vermeiden. Wenn ich im weiterem Verlauf meiner Ausführungen gelegentlich von dir „Dominanzfähigkeit" verlange, dann möchte ich diese vor allem mit einem „Durchsetzungsvermögen" in Verbindung bringen. Ausdrücke wie „Führungsvermögen" oder ähnliches sind mir da schon manchmal zu sehr an eine eher abstrakte, neuzeitliche Ausdrucksweise angepasst.

Auf unserem Hof gibt es eine Anzahl von Tieren, die sich nahezu ganzjährig im Freiland befinden. Dazu ein Beispiel: Um Bullen, Rinder oder auch agile Schafböcke für den Verkauf vorzubereiten, müssen diese erst einmal führig gemacht werden. Das heißt, sie müssen lernen, wie ein Hund am Strick oder an der Leine zu laufen und dabei beim Käufer den Eindruck erwecken, als hätten sie das schon ihr ganzes Leben lang gemacht. Diese Tiere sind zwar mit ihren Artgenossen bestens sozialisiert, mit Menschen dagegen teilweise sehr wenig. Als Mensch muss man daher zuerst versuchen, sich mit dem Wesen und den Eigenheiten des jeweiligen Tieres vertraut zu machen. Herden- und Rudelgemeinschaften sind sich in vielerlei Hinsicht ähnlich. Sie haben ein feste Rangordnungsstruktur, die sich aber auch immer wieder leicht verändert. Diese Veränderungen geschehen meist ohne größere Vorkommnisse. Kleine Kraftspiele, dominante oder devote Körperhaltung reichen aus, um eine friedliche Stimmung in der Gemeinschaft zu gewährleisten. Kommt jedoch ein neues Tier in die Gemeinschaft, dann kann es zu teilweise heftigen Rangkämpfen mit unterschiedlichem Ausgang kommen. **Kommt dir das nicht auch beim Umgang mit Hunden irgendwie bekannt vor?**

Im willkürlich zusammengesetzten Hunde-Familienrudel, das von Experten auch als offene „Gemeinschaft" bezeichnet wird, muss die Rangordnung immer wieder neu gefestigt werden. Sie wird dann auch teilweise über körperliche Auseinandersetzung festgelegt. Ein einfaches Abwandern, so wie bei den Wölfen beschrieben, erlauben wir unseren Hunden nicht. Im Mensch-Hunde-Rudel muss auch der menschliche Partner immer wieder beweisen, dass er vom Hund als leitfähiger Partner angesehen werden kann. Der menschliche Leitwolf zeichnet sich durch seine Fähigkeit aus, dem Hund ein Gefühl der Sicherheit und Vertrautheit im täglichen Umgang zu vermitteln. Das Dominanzgebaren im täglichen Umgang mit den Hunden muss auch in der richtigen Dosis eingesetzt werden. Was wird benötigt und was verträgt der jeweilige Hundetyp? Es ist teilweise ein schmaler Grad, den der erfolgreiche Hundebesitzer beschreiten muss. **Der Hundehalter muss sich auch über seine eigene Führungsqualitäten im Klaren sein. Will und kann er mit mehr oder weniger dominanten Hunden arbeiten?**

Im Dominanzgebaren der Hunde gibt es rassespezifische Unterschiede. Auch innerhalb der Rasse sind die Dominanzeigenheiten unterschiedlich ausgeprägt. Ein guter Hundeführer sollte in dieser Angelegenheit mit einer entsprechenden Fachkompetenz ausgestattet sein. Besonders Hunde mit starkem Hütetrieb verlangen nach einem Partner, der klare Vorgaben macht, deren Befolgung er auch durchsetzen kann. Wenn man das Gefühl hat, dass man mit dem Draufgängertyp aufgrund seiner eigenen Persönlichkeit nicht klar kommt, dann könnte es für Hund und Mensch besser sein, einen anderen Partner zu suchen. In anderen Verhältnissen könnte das genau der Hund sein, der dort gebraucht wird. Bei besonders feinfühligen Hunden aber muss auch der Mensch die dafür nötige Umgehensweise zeigen können. Auch dieser Hundetyp kann, im richtigen Umfeld eingesetzt, ein hervorragender Gebrauchs- oder auch Familienhund sein.

Rudelintegration

Der Mensch muss dem Hund demonstrieren können, dass er die Gesetzmäßigkeiten der Rudelintegration beherrscht. Für den Hund ist der Mensch ein Rudelmitglied, mit dem man erfolgreich jagen kann. Mensch

Ein Treffen mit angeleinten Hunden kann ganz schön chaotisch werden. Freilaufend geht das Treffen meist wesentlich entspannter vonstatten.

und Hund sind bei der Jagd zunächst einmal gleichwertige Partner. Der Mensch bestimmt aber wann, wo, wie und was gejagt wird. Der Hund kennt seine Stärken bei diesem Spiel. Er ist schneller und wendiger als der Mensch. Er kann zutreiben, die Grenze des Territoriums verteidigen und vieles mehr. Der Mensch gibt dabei entsprechende Anweisungen, die der Hütehund zu jeder Zeit und in jeder Lage zu befolgen hat. Hier kommt die Team- und Dominanzfähigkeit des menschlichen Partners ins Spiel. Das Leben besteht aber nicht nur aus Jagen. In einem Wolfsrudel würde man sich nach getaner Arbeit – also nach erfolgreicher Jagd – erst einmal satt fressen und dann entspannen. Auch spielerisches Rangordnungsgerangel ist Teil des Lebens im Rudel. Es ist Aufgabe des Hundeführers, genügend Freiraum und Verständnis seinen Hunden gegenüber zu demonstrieren, damit er als vollwertiges Rudelmitglied akzeptiert wird. Auch der Spaß im Zusammenleben von Mensch und Hund sollte nicht zu kurz kommen. **Grundsätzlich gilt: Etwas gemeinsam unternehmen, egal ob Spiel oder Arbeit, hilft, die Partnerschaft zu festigen.**

Damit ein Hund gut im Rudel zurecht kommt, muss er bereits als Welpe gelernt haben, mit Artgenossen angemessen zu kommunizieren. Soziale Kontakte außerhalb des Rudels können aber für viele Hunde nichts anderes als Stress bedeuten. In kürzester Zeit müssen dabei dann einige Dinge geklärt werden. Wie ist die Stimmung des Fremden, ist er sympathisch und vieles mehr. Von unseren Hunden sollten wir nicht unbedingt verlangen, dass sie geselliger sind als wir. Wölfe würden sich mit Sicherheit auch nicht so ohne Weiteres unproblematisch mit fremden Rudeln treffen. **Deshalb meine Einstellung: Vorrangig im Zusammenleben mit unseren Hunden ist, dass wir in Verbindung mit ihnen eine Rudelgemeinschaft bilden, die unseren beiderseitigen Bedürfnissen gerecht wird.**

Ein gut erzogener HH wartet, bis das Futter für ihn freigegeben wird.

Futter-Rangordnung

Die soziale Rangfolge muss nicht in jedem Fall mit der Futterrangordnung übereinstimmen. Ein Hund mit hohem Sozialstatus im Rudel muss am Futterplatz nicht immer der Dominante sein. Futterdominanz scheint mehr mit der körperlichen Verfassung des Einzelnen im Zusammenhang zu stehen. Der Status der Hunde bezüglich Futter-Rangordnung kann relativ leicht festgestellt werden. Legt man einen Knochen zwischen zwei hungrige Hunde, dann wird einer relativ vehement seine Dominanz zum Ausdruck bringen. Zerrspiele, wie sie bei Welpen ständig zu beobachten sind, kann ich bei meinen erwachsenen Hunden relativ selten beobachten. In der Regel wird der Rangniedere die Futterstelle freiwillig verlassen, wenn sich der Stärkere nähert.

Bei Wölfen geht man davon aus, dass sie beim Fressen wesentlich toleranter als Hunde sind. Gemeinsam eine Beute möglichst schnell verzehren, bevor sie einem anderen, außenstehenden Fressfeind zum Opfer fällt, ist für die Vitalität des Rudels vorteilhaft. Bei Hunden, die an das ständige Füttern durch den Menschen gewöhnt sind, hat gemeinsames Fressen keine Vorteile. Entsprechend rigoros können deshalb Auseinandersetzungen um Futter sein. Die Lehre, die der Mensch daraus ziehen sollte, ist folgende: **Du musst jederzeit in der Lage sein, dem Hund deine Futterdominanz zu demonstrieren.** Wenn du dem Hund sein Futter vorlegst, hat er zu warten, bis du es ihm freigibst. Du musst auch in der Lage sein, das Futter – sei es noch so begehrt – jederzeit wegzunehmen. Wenn das nicht der Fall ist, hast du ein fundamentales Problem. Für deinen Hund bist du dann ganz offensichtlich nicht der unbestrittene, im Rang höher stehende Gefährte. Was das bei unseren Naturburschen, den Hütehunden, für negative Auswirkungen hat, darf auf keinem Fall unterschätzt werden. Bei vielen der sogenannten Problemhunde ist das ungeklärte Verhältnis zwischen Mensch und Hund am Fressplatz der Ursprung allen Übels. Näheres dazu in den Ausführungen zur Haltung.

Hierarchiestruktur im Rudel

Wer schon über längere Zeit mehrere Hunde in seiner Gemeinschaft hatte, konnte bestimmt auch folgende Erfahrung machen: Es gibt Hunde, die sich auf Anhieb immer gut verstehen. Bei ihnen können Rangordnungs-Unstimmigkeiten mehr oder weniger nicht beobachtet werden. Dann gibt es wieder die andere Variante: Zwei der Tiere können sich absolut nicht vertragen. Bei jeder Kleinigkeit müssen sie sich anknurren, wobei man nie sicher ist, ob es nicht doch einmal zu einer heftigen Auseinandersetzung kommt.

Wer hier das Sagen hat, ist mehr als offensichtlich.

Auch bei meinen Tieren kann ich dieses Phänomen immer wieder beobachten. Rangordnungsverhältnisse, die linear von oben nach unten verlaufen und an die man vielfach in der Vergangenheit glaubte, gibt es nicht. Ich möchte diese Theorie wieder einmal mit einem Beispiel aus unserer Menschengemeinschaft untermauern. Wie wir wissen, haben Mensch und Hund im Rudelverhalten so einiges gemeinsam.

In einer Firma gibt es das Topmanagement, dann kommt das mittlere Management und weiter unten dann der Rest des Unternehmens. Der Topmanager wird aus den unteren Ebenen keinerlei Gefahr für seine Rangstellung erwarten. In seiner näheren Umgebung muss er schon darauf bedacht sein, dass er seine Machtposition immer wieder demonstriert. Als weitblickende Führungskraft weiß er auch, dass seine Zeit in dieser Position einmal vorbei sein wird. So oder ähnlich wird es auch auf den weiteren Ebenen immer wieder zu Rangdemonstrationen und Rangverschiebungen kommen. Ich denke, dass es in den unterschiedlichen Ebenen auch anders geartete Kommunikationsverbindungen gibt. Man spricht eben leichter mit Gleichgesinnten als mit anderen.

Das könnte für die Mensch-Hundebeziehung bedeuten, dass ein Hund sich zu einem bestimmten Familienmitglied mehr hingezogen fühlt als zu einem anderen. Du solltest also nicht beleidigt sein, wenn dein Hund zuerst deinen menschlichen Partner begrüßt. Du bist deshalb nicht minderwertiger für ihn. Er ordnet deinen menschlichen Partner eben mehr als Gleichgesinnten – zur selben Ebene gehörend – ein als dich. Ohne dieses Wissen würde man einen Hund dann lapidar als Männer- oder Frauenhund bezeichnen, für den nur das Geschlecht des Menschen im Bezug auf sein Verhalten verantwortlich ist.

Im Hunderudel scheint es eine ähnliche Hierarchiestruktur zu geben. In Anlehnung an die bereits geschilderten Wesensmerkmale sind die Alphatiere meist Hunde mit relativ viel **Denkeranteil** in ihrem Auftreten. Dann kommen die **Macher**, die für das Grobe zuständig sind. Weiter unten schließlich stehen die **Sensiblen**, zuständig für das Feine. Wobei es durchaus vorkommen kann, dass ein relativ sensibler Hund, der schon etwas älter und mit einem überdurchschnittlichen Denkeranteil ausgestattet ist, der unangefochtene Rudelführer sein kann.

Wenn du dich selbst nicht als ausgesprochene Führungspersönlichkeit bezeichnen möchtest, dann kann das bei vielen unserer Hunderassen durchaus problematisch werden. An dem Erlernen von Führungsqualitäten kann man arbeiten. Du hast dich für eine Hunderasse entschieden, die von dir klare Vorgaben erwartet. Führungsverhalten kann erlernt werden, du musst nur selbst an deine Fähigkeit glauben. Als verantwortlicher Rudelführer bleibt dir keine andere Wahl. Je mehr du die Hunde von deinen Führungsqualitäten überzeugen kannst, um so bereitwilliger möchten sie dienen und natürlich auch deine Anweisungen befolgen.

Zu diesem Themenkomplex möchte ich eine persönliche Beobachtung aus einem Wolfsgehege im Bayerischen Wald wiedergeben. Wann immer es eine Möglichkeit gibt, Wölfe in einem Tiergehege zu beobachten, dann ist das für mich natürlich ein besonders erstrebenswertes Erlebnis. So auch an einem sonnigen Nachmittag im dortigen Naturpark. Nach einiger Zeit ohne Wolfssichtung war plötzlich nahe der Aussichtsplattform ein Tier zu sehen. Das Auffällige aber war, dass es in besonders unterwürfiger Körperhaltung unterwegs war – den Kopf seitlich in Bodennähe, mehr kriechend als gehend. Als ich dann intensiver in seine eingeschlagene Zielrichtung blickte, konnte ich einen weiteren Wolf sehen. Er lag gut getarnt auf einer kleinen Anhöhe und blickte stoisch, unbeeinflusst vom herannahenden Wolf, in meine Richtung. Der offensichtlich rangniedrige Wolf kam nach vorsichtiger Annäherung endlich beim großen Boss an. Er leckte ihm von unten kommend kurz am Unterkieferbereich und kroch dann weiter. Zehn Meter weiter, unterhalb der Lagerstätte des anderen Wolfes, legte er sich dann auch, ebenfalls gut getarnt, im Gebüsch zur Ruhe. Was können wir daraus lernen? In der Annahme, dass dieses Wolfsrudel nicht unbedingt aus einer Familiengemeinschaft zusammengefügt wurde, herrschen dort besonders strenge Dominanzbeziehungen. Der ranghöhere Wolf hätte vom anderen wahrscheinlich auch keine andere Körperhaltung erwartet oder erduldet. Kleinste Unachtsamkeiten des Rangniedrigen könnten im ungünstigsten Fall sogar seinen Tod bedeuten. Diese Wölfe befinden sich in einem eingezäunten Gehege. Das Abwandern einzelner, unerwünschter oder überzähliger Tiere, ist nicht möglich. Diese Gemeinschaft funktioniert also nur, wenn sich alle mit größter Disziplin an die in diesem Zusammenleben üblichen Regeln halten.

Das Grundprinzip in jeder Rudelgemeinschaft ist also die Festlegung einer geregelten Dominanzbeziehung, damit sich ständige Rangkämpfe vermeiden lassen. Bitte nicht vergessen: Auch wir Menschen sind Teil der Rudelordnung.

Außerdem müssen wir auch bedenken, dass die einmal entschiedene Rangordnung keine immerwährende Gültigkeit hat. Es liegt in der Natur des Hierarchiegeschehens, dass es ein ständiges Streben nach oben gibt. Man darf also niemals denken, man habe seinen Hund aufgrund der eigenen Stellung davon überzeugt, dass er bestimmte Aufgaben immer und ewig ausführen wird. Nein – er wird dich fast täglich prüfen, ob er nicht doch ein kleines Stückchen von deiner Autorität untergraben kann. Sehen wir es positiv! Unsere Hunde helfen uns auch hierbei, körperlich und geistig fit zu bleiben. **Die Lehren, die wir aus dem Wissen über die Rudelordnung ziehen können, werde ich im Abschnitt „Umgang“ noch weiter vertiefen.**

Hüteveranlagung

Die Hüteveranlagung hängt mit dem ursprünglichen Jagdverhalten zusammen. Im Laufe der Zeit wurden diese Instinkte gezielt auf die benötigten Hüteleistungen selektiert. Der Auslöser für ein gemeinsames Jagdunternehmen ist vorrangig das Bedürfnis der Futterversorgung. Man braucht sich also nicht wundern, wenn ein völlig überfütterter Hund relativ wenig Interesse an der Hütearbeit oder auch an anderen Aktivitäten zeigt. Im wölfischen Jagdverhalten finden sich verschiedene Elemente, die bei vielen unserer Hunderassen immer noch mehr oder weniger vorhanden sind. Teile dieses Jagdverhaltens sind bei der Hütearbeit ein Bestandteil der geforderten Leistung.

Dieser Zusammenhang kann aus folgender wölfischer Verhaltenssequenz abgeleitet werden:

- Ein Rudelmitglied wird das Signal zum Aufbruch für die Jagd an die anderen geben. Dieses Privileg muss bei der Hütearbeit einzig und alleine dem Menschen zustehen.
- Jetzt beginnt die Beutesuche. Für das Orten der Beute werden alle vorhandenen Sinne benötigt. Für die Hütearbeit sind vor allem Sehen und Hören gefragt und weniger die Nasenarbeit.
- Anpirschen, Verfolgen, Hetzen, Ergreifen, Schütteln und Töten sind dann das Ziel für einen erfolgreichen Abschluss der Jagd. Während Schütteln und Töten in der Hütearbeit ein absolutes Verbot darstellen, ist dies beim Herdenschutzeinsatz immer noch eine mögliche Option.

Die ursprüngliche Aufgabe der Bobtails war es, das Vieh zum Markt zu treiben und gleichzeitig auch dabei zu beschützen.

Der Rottweiler, der heute zu den klassischen Schutzhunderassen zählt, war ursprünglich als hervorragender Hüte-, Treib- und Zughund bekannt.

- Jetzt wird die Beute gefressen oder Teile davon werden weggetragen – bei der Hütearbeit ebenfalls ein absolutes Verbot. Diese Handlung wird durch das tägliche Füttern durch den Menschen ersetzt. Dass er die Beute nicht fressen darf, ist deshalb für den Hund relativ leicht zu verstehen.

Wenn ein Bogenläufer die Herde im weiten Bogen umzingelt und dann auf den Menschen zutreibt, dann ist dieser Vorgang für ihn nichts anderes als die Jagdbeute auf den Rest des Rudels zum Erlegen zuzutreiben. Um Großvieh zu bewegen, wird auch teilweise das Zupacken benötigt. Der Ansporn für die Arbeit in der Furche ist für bestimmte Hunde das erwartete Erfolgserlebnis, dass sie ein Tier wieder zurück in die Herde hetzen dürfen und wenn möglich auch noch anpacken können. Schütteln und Reißen von Vieh sind dagegen starke Ausschlusskriterien für die Zuchtselektion von Hüte- und Treibhunden. Letzteres wurde durch Jahrhunderte von der Zuchtarbeit entsprechend beeinflusst. Das Jagdverhalten vom Wolf wurde **fetalisiert**. Das heißt, es wurde durch Zuchtarbeit auf ein frühes Stadium in der wölfischen Jagdweise selektiert. Jungwölfe jagen zwar anfänglich spielerisch allem, was sich bewegt, hinterher. Die Fähigkeit zu töten erreichen sie aber erst, wenn sie nahezu ausgewachsen sind.

Der Hüteinstinkt ist innerhalb der Hütehunderassen mehr oder weniger stark ausgeprägt.

Bereits im Welpenalter können erste Ansätze einer Arbeitsbereitschaft erkennbar sein. Die Veranlagung der Hütegebrauchshunde basiert in der Regel auf vielen Generationen sorgfältiger Zuchtarbeit und hat demzufolge eine ausgeprägte genetische Komponente.

Unprofessionelle Zuchtverbindungen können diese speziellen Hüteeigenschaften bereits nach einer Generation unwirksam machen. Bei vielen der Hütehunderassen gibt es eine Arbeits- und eine Showlinie. Dies zu erkennen ist besonders für Hüteanfänger nicht leicht. Vor dem Kauf eines Hundes ist daher dringend zu empfehlen, dass man sich über die Hütetauglichkeit der Eltern informiert. Das Beobachten beider Elterntiere ist die beste Vorgehenswei-

Dieser Border Collie hat die Aufgabe, die markierten Schafe, die er bei einem Hütewettbewerb dem Schäfer zutreibt, dann auch von den anderen abzusondern.

se, um Enttäuschungen zu vermeiden. Ein guter Hütehund zeigt im Arbeitseinsatz eine Ausdauerbereitschaft, die bis an die Grenze seiner Leistungsfähigkeit gehen kann. Auch bei vielen, nicht speziell für die Hütearbeit gezüchteten Hunden können kurze Ansätze zu einer Hütebereitschaft beobachtet werden. Diese Hunde würden zwar sporadisch schon einmal gerne hinter den Schafen her jagen. Der Hetztrieb dieser Hunde hat aber nichts mit der von unseren Hütehunden konstant verlangten Arbeitsleistung zu tun. **Für den Praktiker gilt folgender Grundsatz: „Wenn du wissen willst, ob ein Hund ein Hütehund ist, musst du ihn bei der Arbeit am Vieh gesehen haben“.**

Da in der jüngeren Vergangenheit die meisten unserer Hütehunderassen vielfach nur nach Schönheitsmerkmalen gezüchtet wurden, ist ein starker Abfall der oben gelisteten Eigenschaften ersichtlich. Das Wegzüchten der Hüteveranlagung ist ein gutes Beispiel, wie diese Hunde wieder mehr auf ein verjugendlichtes Verhaltensmuster gebracht werden. Das wölfische Jagdverhalten wird in diesem Fall wieder auf ein Jungwolfverhalten zurückgebracht.

Meine Behauptung dazu: Der Hütetrieb korreliert vor allem mit der intelligenten Kooperationsbereitschaft dieser Hunde. Es hat eben alles seinen Preis. Letztendlich muss jeder selbst entscheiden, was für einen Hund er haben möchte. Eines noch zum Abschluss dieses Kapitels: Der Hütetrieb ist beherrschbar! Das Erste, was der Schäfer seinen Hunden lehren wird, ist – salopp ausgedrückt – „Hütetrieb an/ Hütetrieb aus“. Dazu aber mehr, wenn wir uns weiter mit Umgangserfahrungen befassen.

Im Dogdance sind diese beiden ein erfolgreiches Team. Für diese Hundesportart ist die partnerschaftliche Zusammenarbeit zwischen Mensch und Hund besonders wichtig. Unsere Hütehunde sind hierfür sehr gut geeignet.

Kommunikation und Hundehaltung in Übereinstimmung

Die Mensch-Hunde-Kommunikation

Die Mensch-Hunde-Kommunikation wird teilweise auch als „Kommandosprache" bezeichnet. Das Wort Kommando hat jedoch einen gewissen Beigeschmack, der im Umgang mit unseren Hunden nicht immer zielführend ist. Befehlen, Gebieten, Fordern und Verlangen, all das wird unter dem Wort „Kommandieren" verstanden. Kommandos werden aber bei unseren Hunden für eine erfolgreiche Kommunikation benötigt. In diesem Abschnitt wird primär die Kommunikation vom Menschen zum Hund beleuchtet.

Im Umgang mit Hunden denke ich zuerst an die in Deutschland vielfach verwendete Kommandos wie „Platz, Fuß, Hier, Aus" – alles oftmals relativ schroff ausgesprochen. Mit dieser Art des Kommandierens habe ich so meine Probleme. Schon alleine die dabei hörbare Schärfe wird dem Gehorsam so manchen Hundes nicht unbedingt dienlich sein. Mit der im englischen Sprachgebrauch üblichen milderen Ausdrucksweise wie z. B. „lie down, heel, here to me, that will do", kann ich mich schon leichter anfreunden. Bei mir heißt es dann „Bleib, bleib dort, steeeh, komm hier, fertig" usw. Alles im Normalfall in einer relativ freundlichen Tonart übermittelt. Da der Normalfall nicht immer gegeben ist, können intensivere Lautstärke und Tonart bei diesen Kommandos ebenfalls angebracht sein und auch nötig werden. Auch überschwängliches Lob kann dazu beitragen, den Hund unnötig in einen erregten Zustand zu

Mit Futter bestechen ist eine übliche Ausbildungshilfe. Futterbelohnung dagegen, ist nicht für jeden Hund empfehlenswert.

Die Lernerfolge, die Zerrspiele/Beutespiele bei Hunden mit einem starken Schutztrieb bewirken, werden für die meisten unserer Anforderungen nicht unbedingt vorteilhaft sein.

bringen. Denken wir dabei bitte auch an die unterschiedlichen Wesensmerkmale unserer Hunde. Alles, was besonders den **Macher** in unnötige Erregung bringt, muss dann wieder auf eine ruhigere Gangart heruntergebracht werden. Das wird nicht immer einfach sein.

Kommunikation besteht auch beim Menschen zum Großteil aus nonverbalen Zeichen. Gesten und Körpersprache sagen oft mehr aus, als man wahrhaben möchte. Obwohl Mensch und Hund unterschiedlich miteinander kommunizieren, gibt es doch wieder einige Gemeinsamkeiten. Wir sprechen, flüstern und schreien. Der Hund bellt, knurrt und winselt. Unsere Körpersprache wird mit Händen, Füßen, Körperhaltung und Mimik ausgedrückt. Der Hund hat hierfür ebenfalls seine Möglichkeiten, die im Vergleich zu denen des Menschen gar nicht so grundlegend anders sind. Zwei offensichtliche Unterschiede gibt es aber eben doch: Wir haben die Vielfalt der Sprache und benutzen unsere Arme und Hände. Obwohl jedem von uns das alles bewusst ist, vergessen wir es allzu gerne. Besonders bei der Ausbildung wird von Anfängern häufig erwartet, dass der Hund auf Anhieb ein Handzeichen als einen Richtungsbefehl versteht. Oder, wenn es etwas hektisch wird, ist die Aufforderung „langsam" ein Dauergast unter den Befehlen. Handzeichen und „langsam" sind durchaus Teil einer Kommandoübermittlung. Nur müssen wir daran denken, dass dies dem Hund erst begreiflich gemacht werden muss. Bellen und Knurren sind auch Teil meiner Kommandosprache mit meinen Hunden. Ein leicht höher angesetzter Bell-Laut kann besonders den **Sensiblen** als Aufmunterung, etwas zu unternehmen, dienen. Der knurrende Missfallenslaut ist bei mir ein Verbotskommando, das auch beim **Macher** noch Eindruck hinterlassen wird. Jeder Hundekenner weiß, dass Hunde unsere Sprache nicht wörtlich verstehen können. **Die Verknüpfung unserer Wörter mit einer von ihnen verlangten Reaktion ist für Hunde erst einmal eine Fremdsprache. Ihnen diese begreiflich zu machen, ist Teil unserer Erziehungsarbeit.**

Das Erlernen von Alltagskommandos möchte ich nicht weiter vertiefen. Dafür gibt es genügend anderweitige Literatur. Die meisten Hundebücher sind voll davon. Mir geht es vielmehr um die Berücksichtigung der Arteigenheiten und der Wesensmerkmale und darum, was der Hund verträgt und auch, was er von uns erwartet. Es sind oft Kleinigkeiten, die wir wissen und beachten sollten, um ein harmonisches Miteinander zu gewährleisten.

Dazu ein Beispiel aus der Hütearbeit: Die Aufforderung zum **Stopp/Steh/ Ablegen** wird beim Hüteeinsatz relativ oft benötigt. Der aufmerksame Hundeführer wird dabei das Verständnis dafür erlernen, dass dieses Kommando, entsprechend der Wesenseigenschaft des betreffenden Hundes, unterschiedlich befolgt werden wird. Der **Denker** wird die von ihm als am effektivsten erachtete Stelle aussuchen. Meist liegt sie etwas erhöht, dadurch behält er die bessere Übersicht. Aus dieser Position hat er auch die dominanteste Ausstrahlung auf seine Umgebung. Der **Macher** wird nach Kommandoerteilung noch einige Schritte näher zum Vieh vorrücken. Seine Gedanken sind ja bereits auf die Ausführung seiner nächsten Aufgaben fokussiert. Der **Sensible** wird lieber erst bei der nächsten Senke anhalten. Hier hat er ein besseres Sicherheitsempfinden.

Warum sollte der einfühlsame Mensch seinem Hund diese Freiheiten im Hüteeinsatz nicht erlauben? Er muss oft tagein, tagaus mit ihm zusammen arbeiten und braucht dafür einen Mitarbeiter, der willig und freudig seine Arbeit verrichtet. Eine erzwungene Stopp-Position, ohne Rücksicht auf die Eigenheiten seines Hundes, wäre dabei bestimmt nicht förderlich. Dieser Gedankengang könnte bestimmt auch bei so mancher Freizeitgestaltung für ein harmonisches Miteinander hilfreich sein. Hierzu fällt mir das vielfach zu hörende Hier-Kommando ein – teilweise sehr fordernd und auch übermäßig laut. Wäre es nicht des Öfteren angebracht, den Hund bei eurem gemeinsamen Spaziergang etwas mehr Freiheit zu geben? Muss es jedes Mal das störende „Hier" sein, nur weil er wegen intensiver Nasentätigkeit etwas weiter weg von dir ist, als du es du für richtig hältst? Als eine die Harmonie fördernde Kommandoeinwirkung würde ich das nicht bezeichnen! Wir müssen also aufpassen, dass wir unsere energetische Ausstrahlung und unsere Körpersprache nicht unbewusst mit gegensätzlichen Aussagen belegen.

Dazu ein Beispiel: Du lobst Deinen Hund – rein aus Routine –, da du das nach einer abgeschlossenen Aktion immer so machst. Innerlich aber kochst

Pause und Entspannung sind nie verkehrt.

du vor Wut, weil die ganze Trainingseinheit total außer Kontrolle geraten war. Die energetische Information für deinen Hund ist also keinesfalls Lob. Machst du das in dieser Abfolge häufiger, dann wird dein akustisches Lob als Bestrafungslaut verstanden werden. Du wirst dich dann wundern, dass er beim nächsten Lob alles andere als begeistert reagieren wird.

Nicht vergessen sollten wir, dass der Hund ein Instinktwesen ist, das seine Sinne in einem von Energie und Gerüchen erfüllten Umfeld einsetzt. Hierbei ist die hierarchischen Reihenfolge diese: energetische Wahrnehmung, Riechen, Sehen und Hören. Das bedeutet: Energien und Gerüche zuerst, dann kommen all die optischen Wahrnehmungen und zuletzt die verbalen Lautäußerungen.

Nach menschlichem Empfinden hat die Reihenfolge der Kommandoübermittlung eine gänzlich konträre Abfolge zu der der Hunde. Wir denken zuerst an unsere akustischen Möglichkeiten, wie Wort- und Pfeifkommandos. Dann sind es unsere Signalmöglichkeiten mit Händen, diversen Gegenständen, Gestik und Körperhaltung. Und ganz zum Schluss glaubt der eine oder andere von uns auch noch an eine Art von Spannungsübertragung, mit der wir unsere Hunde beeinflussen können.

Energetische Kommunikation

Wie bereits unter dem Titel „Kommunikationssinn der Hunde" beschrieben, haben auch wir Menschen eine beträchtliche energetische Ausstrahlung auf unsere Umgebung. Dies unterstreichen Aussagen wie: „Der oder die hat eine ganz besondere Ausstrahlung", im positiven Sinn gesehen. Im Negativen dagegen fällt dann zum Beispiel jedem, der sich gerade im Raum befindet, sofort auf, dass eine Person heute besonders schlecht gelaunt ist, sobald diese den Raum betritt.

Den Glauben an unsere arteigene energetische Kommunikation wird wohl jeder anders handhaben. Das ist vermutlich ähnlich wie mit der Homöopathie: Der eine schwört darauf, der andere kann absolut nichts damit anfangen. Trotzdem wissen alle, die mit Tieren und besonders mit Hunden umgehen, dass unsere tierischen Partner relativ sensibel auf unsere momentane Stimmungslage reagieren. Bist du gut drauf, gelingt dir fast alles. Bist du dagegen mal besonders schlechter Stimmung, wirst du mit deinen Ausbildungsversuchen nicht viel Erfolg haben. Unsere energetische Ausstrahlung ist auch meist eine Angelegenheit, die vom Unterbewusstsein ausgeht und die wir in der Regel selbst nicht unter Kontrolle haben. **Wir müssen deshalb vor allem lernen, unsere eigenen Emotionen besser in den Griff zu bekommen.** Das ist selbstverständlich leichter gesagt als getan. Deinen Hund kannst du so leicht nicht austricksen. Er merkt sofort, wenn deine Kommunikationsformen mit der Realität nicht zusammenpassen. Der Hund orientiert sich dabei vor allem auch an seinem ausgeprägten Geruchssinn. Er ist eben vor allem ein Nasentier, das auch deine Emotionen damit recht gut einschätzen kann. Spannungsübertragungen werden sowohl energetisch als auch geruchlich von deinem Hund sehr feinfühlig wahrgenommen. Die energetische Kommunikation verstehe ich deshalb als primäre Kommandosprache im Umgang mit unseren Hunden.

Wenn du das Gefühl hast, in deiner diesbezüglichen Form der Kommunikation ist nicht alles so, wie es sein könnte, dann musst du zuerst die Schwachstellen eruieren. **Hast du dir schon einmal Gedanken über deine eigenen Wesenseigenschaften gemacht?** Dem Denker wird eine sachlich ausgerichtete Umgangsform mit den Hunden möglicherweise leichter fallen als dem Machertyp. Ist dein Wesen mehr nach der sensiblen Seite ausgerichtet, könntest du eventuell mit einer dominanteren Kommandokommunikation erfolgreicher sein. Eine objektive Einschätzung unserer eigenen Merkmale ist für alle von uns bestimmt nicht leicht. Es könnte also vorteilhaft sein, wenn dazu der Rat einer anderen Person eingeholt wird. Das mag etwas Überwindung kosten, sollte sich aber vorteilhaft auf die Beziehung zu deinen Hunden auswirken. Die Kunst der energetisch angepassten Kommunikation ist das Markenzeichen eines erfolgreichen Hundeführers. Das Umschalten auf die jeweiligen Anforderungen – von dominant zu freundlich bis hin zu absoluter Ruhe – ist dabei unser Ziel.

Im Klartext heißt das für den Hundehalter: Um im Umgang mit deinen Hunden erfolgreich zu sein, musst du als Erstes daran arbeiten, deine Emotionen weitgehend in den Griff zu bekommen. Die Abstimmung deiner Wesensveranlagung mit der des jeweiligen Hundes ist dabei das ultimative Ziel.

Visuelle Kommunikation

Hunde untereinander reagieren vielfach auf optische und taktile Signale. Sie haben keine begriffliche oder verbale Ausdruckssprache. Sie kommunizieren vor allem mit einer komplexen Körpersprache. Körperhaltung, Mimik, Schwanzstellung usw. sind Teile dieser Kommunikation. Wobei natürlich auch akustische (Beispiel Bellen) oder chemische (Beispiel Markieren, Körperdrüsen) Signale ebenso von Bedeutung sind. Taktile Signale sind Berührungs-, Beschwichtigungs- oder Dominanzrituale.

Der Deutsche Schäferhund (DSH) ist in der Hüteschäferei nach wie vor ein unermüdlicher Helfer.

Unsere Körpersprache, die wir ebenfalls mit allen möglichen Variationen einsetzten, ist ebenfalls eine ausgesprochen effektive Art und Weise der Kommunikation. Wir machen uns klein, um weniger bedrohlich zu wirken, und groß, wenn wir das Gegenteil wollen. Besonders bei Mimik und Körperhaltung müssen wir aber aufpassen, dass wir nicht unbewusst irreführende Kommandos an unsere Hunde geben. Wir sind angespannt, beugen uns in Richtung Hund, starren ihn dabei an und wundern uns dann, wenn er das Kommando „Komm" einfach nicht befolgen will. Wie wird er wohl unser Lachen verstehen, wenn wir dabei die Zähne zeigen?

Unter den Schäfern wird gerne ein längerer Weidenzweig verwendet, den man bei Bedarf beim Vorbeigehen am nächstbesten Busch abschneiden kann. Man beeinflusst damit zum Beispiel das gewünschte „Bei-Fuß-Gehen". Will dein Hund nach vorne drängeln, dann klopfst du vor ihm auf den Boden. Hat das beim Draufgänger nicht die gewünschte Wirkung, dann wird ihm sanft auf die Nase geklopft. Das ist nichts anderes, als wenn du deinem Hund schon mal mit der zusammengerollten Zeitung auf die Nase stupst. Das könnte auch eine praktikable Möglichkeit für den Familienhund sein, wenn du mit der **Leinenführigkeit** Probleme hast.

Unsere Körper- und Mimiksignale sind besonders für den Familienhund ein ständiger Alltagsbegleiter. Durch das Zusammenleben auf relativ engem Raum sind wir für unsere Hunde ein offenes Buch, das sie für ihr Verhalten nutzbar machen. Wir geben ihnen, meist unbewusst, eine Vielzahl von Informationen und wundern uns, wenn wir das Gefühl haben, dass sie unsere Gedanken lesen können.

Akustische Kommunikation

Wenn wir an die Akustik in der Beziehung zu unseren Hunden denken, dann ist es vor allem unser Sprachvermögen, mit dem wir uns der Tierwelt weit überlegen fühlen. Wir wissen natürlich auch, dass Tiere unsere Sprache nicht wörtlich verstehen. Stimmlage, Tonfall, Lautstärke und unsere momentane mentale Verfassung sind die Parameter, über die unsere Hunde uns verstehen.

Da wir aber gerne – meist unbewusst – an die sprachliche Bedeutung unserer Worte denken, sind Missverständnisse allzu häufig programmiert. Trotz alledem: Unsere Hunde wissen meist sehr genau, was wir von ihnen wollen, auch wenn wir nicht immer in letzter Konsequenz mit ihnen akustisch kommunizieren. Ich möchte dazu eine britische Weisheit zitieren: **„A dog knows what you say. He understands our language, but we don't understand his language."** Also: Der Hund weiß, was du sagst. Er versteht unsere Sprache, aber wir verstehen seine Sprache nicht! Daran sollten wir des Öfteren einmal denken, bevor wir die Wirkung unseres Sprachvermögens auf die uns anvertrauten Tiere allzu überheblich beurteilen.

Akustische Signale werden mit der Stimme, verschieden konzipierten Pfeifen und anderen technischen Hilfsmitteln gegeben. Durch die Modulation der entsprechenden Signale werden dem Hund dann die weiteren Feinheiten unserer Wünsche begreiflich gemacht. Egal welches akustisches Signal wir verwenden, für den Hund ist es zunächst einmal eine Fremdsprache. Diese Sprache möglichst fachgerecht zu übermitteln, ist unsere vordringlichste Aufgabe. Um sie für den Hund möglichst unmissverständlich und einprägsam zu gestalten, gibt es eine Reihe von Erkenntnissen, die wir beachten sollten. Da ist zunächst einmal die **Wortwahl:** kurz, prägnant, und besonders beim Turbotyp – dem **Macher** also – immer mit einer unterschiedlichen Vorsilbe beginnend.

Dann gibt es unter den akustischen Signalen natürlich auch **die Lautstärke, die Tonlage und die Ausdrucksweise.** Im Nahbereich wird man versuchen möglichst leise zu bleiben. Der Hund hört, wie wir wissen, sehr gut. Zu

Der Pumi gehört zu den kleinwüchsigen Hirtenhunden, der wegen seiner Bellfreudigkeit gerne auch als Wachhund Verwendung findet.

Die Fußarbeit ist für viele unserer Hütehunde eine Gehorsamkeitsübung, die sie erlernen müssen.

dem sollte das gleiche Kommando in der Ferne mit der gleichen Lautstärke ankommen, damit es für den Hund die identische Bedeutung hat. Damit besonders kräftige Laute aber auch akzeptiert werden, darf man durchaus im Nahbereich schon einmal mit einer stärkeren Tonlage auftreten. Das sollte zwar die Ausnahme sein, dem Hund aber helfen, dass er sich auch in der Hektik durch etwas lauter ausgedrückte Befehle nicht überfordert fühlt.
Der **Sensible** wird dafür zwar weniger Verständnis zeigen. Für den **Macher** sind laute Befehle ebenfalls nicht unbedingt vorteilhaft, da sie ihn noch mehr in Fahrt bringen werden. Der **Denker** wird dir das wohl am ehesten verzeihen. Er kennt dich ja bestens und wird nicht überrascht sein, wenn du einmal besonders laut bellst. Für alle drei Charaktere kann es aber durchaus sinnvoll sein, wenn du sie nicht immer mit Samthandschuhen behandelst und sie auch an eine gewisse Variation deiner Lautstärke und natürlich auch an deine wechselnde Stimmungslage gewöhnst. Im Allgemeinen wird dein Hund aber durchaus zwischen harschen und freundlichen Kommandos unterscheiden können und daraus natürlich seine entsprechenden Schlüsse ziehen. Zu streng übermittelte Befehle, die mehr an Kettenrasseln und Kriegsgeheul erinnern, sollten aber keinesfalls der Alltagsumgang mit deinen Tieren sein.

Insgesamt sollte uns beim Stichwort „Kommandosprache" immer bewusst sein, dass Tiere eine außerordentliche Fähigkeit besitzen, feinste Nuancen des menschlichen Ausdrucksverhaltens zu erkennen. Unsere optischen und akustische Signale, die wir dabei fachgerecht übermitteln, sind der Erfolgsgarant für ein harmonisches Zusammenleben mit unseren Tieren.

Die Unterbringung, Haltung und Pflege

... wird meist mit der Aufgabenstellung des jeweiligen Hundes in Zusammenhang stehen. Ob er als Gebrauchshund für die Landwirtschaft eingesetzt wird, für den Hundesport oder als reiner Familienhund Verwendung findet, wird die Haltungsform und den Umgang mit ihm auf mehreren Ebenen in irgendeiner Weise beeinflussen.

Grundsätzlich besteht die Wahl zwischen einer Haltung unter Außenklimaverhältnissen, also in einem Zwinger, oder in der Wohnung. Verweichlichung, Verwöhnen oder Kontaktmaximierung und besserer Witterungsschutz sind dabei Pro- und Kontra-Argumente, die in diesem Zusammenhang zu hören sind. Auch gibt es in verschiedenen Ländern und Gegenden unterschiedliche Vorstellungen von einer artgerechten Hundehaltung. So ist in manchen Ländern eine Kettenhaltung in Verbindung mit einer Hundehütte durchaus noch eine akzeptierte Variante. In abgelegenen Regionen sind Hunderudel auch noch überwiegend freilaufend anzutreffen. Partnerwahl und Behausung sind dabei noch weitgehend den Hunden selbst überlassen. In unseren mitteleuropäischen Ländern gibt es aber meist auch gesetzlich verankerte Vorgaben, die zu beachten sind. Grundsätzlich gilt: Die Unterbringung und Haltung ist so zu gestalten, dass die Hunde vor der Witterung ausreichend geschützt sind, außerdem die Gewährleistung von regelmäßig geeignetem Futter und Wasser sowie ausreichender Auslauf und Bewegung. Wenn sie dann noch, entsprechend ihrer Veranlagung, eine vernünftige Erziehung und artgerechte Zuwendung erhalten, dann sind das gute Voraussetzungen für eine erfolgreiche Partnerschaft zwischen Mensch und Hund.

Hund und Katze sind ein eingespieltes Team.

Tiere sind im Gegensatz zu uns Menschen wesentlich anpassungsfähiger an Klima und Wettereigenheiten. Auch einige unserer bekannten Hütehunderassen sind in Einsatzgebieten zu finden, die von gemäßigten Zonen bis hin zu tropischen und sogar arktischen Regionen reichen. Wir neigen schnell dazu, unsere Hunde, besonders wenn es kälter wird, vor der Außentemperatur schützen zu wollen. Unser Empfinden muss aber nicht unbedingt mit den Bedürfnissen der Tiere übereinstimmen. Die Wohlfühltemperatur des Menschen, ohne schützende Kleidung, beträgt 28° C. Bei Tieren dagegen, wenn es windstill und trocken ist, kann diese Wohlfühltemperatur durchaus im zweistelligen Minusbereich liegen.

Das leidige Thema Leinenführigkeit …

… sieht so schon besser aus.

Haltungsfragen werden vielfach auch aus emotionalen Gesichtspunkten beleuchtet. Für manche Hüteleute wird eine Wohnungshaltung als absolut unzweckmäßig angesehen. Für andere dagegen trifft dies für die Zwingerhaltung zu. Grundsätzlich gibt es natürlich eine Reihe von Möglichkeiten, unter denen die Hundehaltung stattfinden kann. Ob sie in der Wohnung oder im Zwinger leben, ob sie als Einzelhund oder im Rudel aufwachsen, ober ob sie hauptsächlich Kontakt mit einer Einzelperson oder mit verschiedenen Familienmitgliedern haben – dies alles hat natürlich auch Einfluss auf das Verhalten unserer Hunde.

Hunde werden einzeln oder zu mehreren gehalten. Sie können mit Familienanschluss oder auch nur von einer Einzelperson betreut werden.

Einzelhunde, egal ob im Hüteeinsatz oder im Familienverbund, werden in der Regel einen engen Kontakt mit ihrem menschlichen Partner haben. Das hierarchische Verhältnis wird relativ wenig Schwankungen unterliegen. Einzelhunde im Anschluss an eine Einzelperson haben in der Regel außergewöhnliche Kontaktkapazitäten. Auslastungsdefizite, auch wenn sie nicht unbedingt mit Bewegung einhergehen, sind in dieser Konstellation selten ein Problem.

Wenn Hunde dagegen im Rudel aufwachsen und auch im Rudel gehalten werden, haben sie gelernt, in einer Rudelordnung zu leben. Sie kennen einander und wissen um ihren Platz im Rudel. Kommunikationsformen und Sozialverhalten sind für sie weitgehend den natürlichen Verhaltenseigenheiten angepasst. Da auch du im Idealfall Teil des Rudels bist, musst du aufpassen, dass du an der Spitze der Rangordnung Anerkennung findest. Das Gleiche gilt übrigens auch für den Rest deiner menschlichen Familienmitglieder. Hier ist aus meiner Erfahrung so einiges an Konfliktpotential vorhanden. Wenn du die Gesetze der Rudelordnung aber einmal verinnerlicht hast, dann sollte das keine unlösbare Aufgabe für dich bedeuten.

Eine artgerechte Fütterung, Betreuung und Pflege sind weitere wichtige Bausteine für die Gesundheit unserer Tiere.

Die Hunde werden in der Regel getrennt voneinander gefüttert. Futterzusammensetzung und Menge sollten den Bedürfnissen angepasst sein. Da die verschiedenen Hunde in der Regel auch ein unterschiedliches Fressverhalten haben, kann damit eine bedarfsgerechte Versorgung sichergestellt werden. Der Hund ist mehr ein Fleisch- als ein Allesfresser. Dementsprechend muss sich auch die Nahrung gestalten. Fertignahrung gibt es in allen Variationen. Von einzelnen Unverträglichkeiten abgesehen, kann sie als besonders ausgewogen bezeichnet werden. Schlachtabfälle, Fleisch, geeignete Knochen und Gemüseprodukte sind weitere Möglichkeiten, bei denen man aber aufpassen muss, dass sie auch bedarfsgerecht zusammengestellt sind. Als Laie sollte man in dieser Hinsicht nicht allzu leichtfertig sein. Fütterungsfehler könnten dem Hund mehr schaden als nutzen. Auf unserem Hof füttern wir überwiegend Fertigfutter, da es der einfachere Weg für uns ist. Zur Abwechslung bereichert bei uns ein geschlachtetes Altschaf hin und wieder den Speiseplan unserer Hunde. Sie dürfen dann wieder einmal richtig Wolf sein. Sie dürfen zerren, kauen, knurren, Knochen abnagen und am Ende dann auch alles verspeisen, so wie sie es in der Natur auch mit ihrer Beute machen würden. Mit Interesse kann dabei das **Futterdominanzgebaren** beobachtet werden. Ranghöhere Tiere müssen nach einer gewissen Zeit weggeholt werden, damit der Rest des Rudels nicht allzu lange auf die Mahlzeit warten muss. Nach einiger Zeit ist dann nur noch das abgenagte

Bei der Wahl des Schlafplatzes muss auch das Bedürfnis des Hundes berücksichtigt werden. Diese Art der Vermenschlichung wird nicht von jedem Hund auch als artgerecht empfunden.

Knochengerüst übrig. Um Verdauungsproblemen vorzubeugen, werden diese Reste dann in kleinen Portionen in den Zwingern verteilt. Die Hunde haben dann noch einmal die Möglichkeit, in Ruhe, ungestört von den anderen, ihre Kautätigkeit fortzusetzen. Wenn unsere Hunde in kurzen Abständen derartiges Futter bekommen, dann müssen wir aufpassen, dass sie nicht zu viel an Gewicht zulegen. Wenn du deinem Hund einmal eine richtige Freude machen möchtest, dann besorge ihm ein Teilstück eines Schlachtkörpers, z.B. eine ganze Schafschulter, und lass ihn diese in aller Ruhe verspeisen. Diese Art der Beschäftigung könnte die Antwort für einen Teil der Auslastungsdefizite bei ihm sein. Wenn er dieses Beutestück dann noch vorübergehend im Garten vergraben kann, wäre das noch einmal eine Steigerung in Richtung artgerechter Lebensweise.

Zum Füttern gehört die Verdauung und schließlich auch der Löseplatz. Wölfe grenzen ihr Revier mit Hilfe von Kot- und Urinmarkierungen ab. Zu diesem Zweck suchen sie sich erhöhte oder markante Stellen aus. Wenn du dem Hund beim Gassigehen ebenfalls die Möglichkeit geben kannst, seine imaginären Reviergrenzen zu markieren, dann ist das wiederum eine gute Gelegenheit, artgerechtes Verhalten zu erlauben. Du könntest dem sensiblen deiner Hunde eventuell dadurch auch das Gefühl von mehr Selbstsicherheit vermitteln. Denn ihr zwei zusammen zeigt den Rest der Hundewelt, dass ihr ohne Bedenken die Markierung der anderen überdecken könnt. Zusammen seid ihr stark!

Haltung in emotionaler Verbundenheit und die Wirkung auf die menschliche Psyche ist ein weiteres wichtiges Argument, das für eine Tierpartnerschaft spricht.

Unter dem Begriff Tierhaltung gibt es außer den physischen Anforderungen Unterbringung, Fütterung und Pflege noch eine weitere, psychische Komponente. Für viele von uns sogar die wichtigste von allen: Die angestrebte Interaktion mit Haustieren und die Wirkung die sie auf die menschliche Psyche haben. **Man könnte unsere Partnerschaft mit den Tieren auch als Symbiose bezeichnen. Das Zusammenleben von Lebewesen verschiedener Art zum gegenseitigen Nutzen.**

Im Klartext könnten diese Erkenntnisse für uns heißen, dass auch Tiere empathisch sein können. Dass sie die Gefühle anderer nachvollziehen können und sich von ihnen anstecken lassen. Ein offensichtliches Beispiel aus unserer Schafhaltung ist das Verhalten der Lämmer kurz vor einem Wetterumschwung. In einer größeren Lämmergruppe fangen plötzlich einige von ihnen an freudig herumzuspringen. Innerhalb kürzester Zeit wird dieses Verhalten von der ganzen Gruppe imitiert und alles springt und rennt mit größtem Vergnügen im Kreis herum. Wissenschaftler gehen davon aus, dass vor allem Tiere, die in Rudeln, Herden oder Schwärmen leben, ähnliche Verhaltensweisen haben. Also vergiss nicht, deine Freude auch gegenüber deinen Hunden zu zeigen. Warum nicht einmal laut lachen, wenn sie dich dazu animieren. Auch Freude ist ansteckend und wird der Beziehung zu deinen Hunden mit Sicherheit nicht schaden.

Hund oben und Kind unten kann den Hund dazu verleiten seine Position unter Umständen zu verteidigen.

Diese Anordnung spiegelt die richtigen Rangverhältnisse wider.

Vergessen dürfen wir in diesem Zusammenhang auch nicht die Wirkung, die der Kontakt mit Hunden auf Kinder und Jugendliche hat. Im Umgang mit ihnen werden sie ein Gefühl für Zusammenhänge und Bedürfnisse der Tiere entwickeln. Egal, aus welchem sozialen Umfeld sie kommen, ob Stadt- oder Landkind – Kontakt mit Tieren ist für alle Kinder gut. Wenn sie die Möglichkeit bekommen, eine Beziehung zu Hunden zu pflegen, dann wird das ihr Verantwortungsbewusstsein und ihre Selbstsicherheit im positiven Sinne beeinflussen. Eine Erfahrung und ein Bewusstsein, das sie wahrscheinlich ihr ganzes Leben nicht vergessen werden.

Grundsätzlich können wir überzeugt sein, dass es eine Reihe von Beweggründen für das Halten von Hunden gibt. Es sind vor allem die außergewöhnlichen Eigenschaften, die wir an unseren Hunden so schätzen und die sie so einmalig für eine Mensch-Tier-Partnerschaft machen. Hunde sind unsere treuen Begleiter in allen Lebensbereichen. Das gilt für ihre Gebrauchseigenschaften wie Hüten, Beschützen, Krankheiten und Gefahren erschnüffeln wie auch für ihre Partnerschaftsqualitäten im Mensch-Hunderudel. Eine Partnerschaft, die für viele Entspannung und Entschleunigung, aber auch eine erhebliche Verantwortung bedeutet. Probleme kann es auch mit der Nachbarschaft geben. Als Hundehalter muss man auch deren Vorbehalte verstehen können. Belästigung durch Bellen oder anderweitige Störquellen müssen wir auf jeden Fall, soweit irgend möglich, mit entsprechenden Mitteln unterbinden. Ein Hund, der stundenlang bellt, wird einem harmonischen Nachbarschaftsverhältnis alles andere als dienlich sein. Die Ursachen für übermäßiges Bellen sind überaus vielschichtig. Ursachen erkennen und hinterfragen sollten die vordringlichsten Aufgaben für deine Hundehaltung sein. Es gibt übrigens auch technische Hilfsmittel, die man im Notfall kurzzeitig einsetzen kann. Vorrang müssen allerdings Maßnahmen für die Ursachenerkundung und, wenn nötig, die Verbesserung der Umstände sein.

Bewertung der Veranlagung von Hund und Hundehalter

Bevor wir uns weitergehende Gedanken zu unserem Umgangsverhalten mit den Hunden machen, würde ich jetzt vorschlagen, dass wir versuchen, die genetische Veranlagung von Hund und Mensch noch etwas besser zu durchleuchten. Besitzt der Hund zum Beispiel ein ausgeprägtes Schutzverhalten, dann wirst du im Umgang anders agieren müssen, als wenn er ein besonders sensibler Bogenläufer ist. Bist du selbst ein überwiegend sensibler Mensch, dann wird dir der Draufgänger ebenfalls nicht unbedingt Freude bereiten.

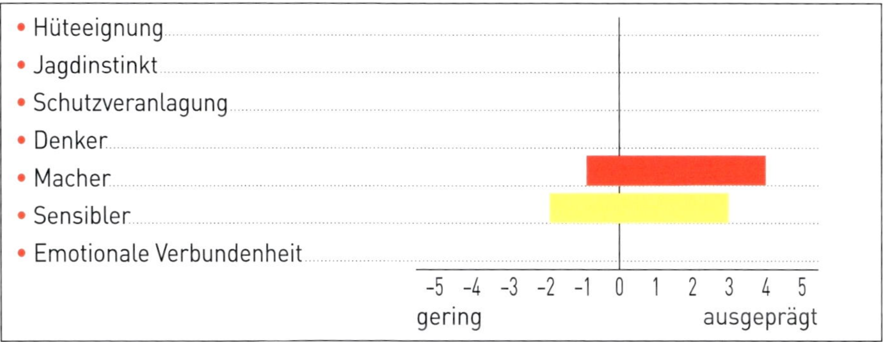

Abb. 6: Bewertung der genetischen Veranlagung Deines Hundes

Mein Vorschlag: Du nimmst einen Balken mit der Länge von fünf Skaleneinheiten und platzierst ihn entsprechend deiner Einschätzung. Wenn du jetzt zum Beispiel den Macher mit -1 bis +4 (siehe roter Balken) einschätzt, dann ist er zwar ein richtiger Draufgänger, der aber trotzdem noch relativ sensibel sein kann und deshalb auch mit -2 bis +3 (siehe gelber Balken) in der Spalte Sensibler bewertet werden könnte. Diese Wertung ist nicht im Sinne von gut oder schlecht zu verstehen. Sie soll uns aber helfen, die genetisch bedingte Veranlagung aus rationalen Gesichtspunkten heraus einzuordnen. Mit der individuellen Veranlagung müssen wir leben oder zumindest darauf gefasst sein. Aufbauend auf dieser Erkenntnis, werden sich dann individuell angepasste Umgangsformen daraus ergeben.

Meine Gedanken zu den Bewertungskriterien sind folgende: **Die Hüteeignung** wird sich in erster Linie aus den Beobachtungen der Hütearbeit ableiten lassen. Beim Familienhund kann aber auch durch bestimmte Verhaltenseigenheiten eine Einschätzung erfolgen. Will er alles, was sich bewegt, einkreisen oder zeigt er kein diesbezügliches Interesse? **Der Jagdinstinkt** zeigt sich

Harzer Fuchsmutter mit Welpe. Beim Zerrspiel wird der Welpe auf seine jagdlichen Fähigkeiten vorbereitet.

durch intensive Nasenarbeit und dem Verlangen, allem nachzulaufen, was sich bewegt. Hat er dann schon einmal Nachbars Enten unsanft behandelt, wird der Balken bei vier oder fünf enden. **Die Schutzveranlagung** wird durch ein gesteigertes Beschützerverhalten und das Verbellen von Fremden zu beobachten sein. Der **Denker** wird besonders durch sein Problemlöseverhalten auffallen.

Ein Test, den ich bei meinen Hunden anwende, ist der einfache Labyrinthtest. Der Hund wird in einer umzäunten Fläche abgelegt. Ich entferne mich, sodass der Hund erst durch mehrere Toröffnungen wieder zu mir finden kann. Der **Denker** wird damit wenig Probleme haben. Hat er diese Qualitäten nicht, so wird er hilflos in einer Zaunecke enden und seinen Unmut durch Bellen anzeigen. Schnelle Lernerfolge sind natürlich ebenfalls ein Merkmal für diese Gabe. Um den **Denker** jetzt einmal unter menschlichen Maßstäben zu bewerten, würde bei Albert Einstein (1879–1955), dem Begründer der Relativitätstheorie, der Balken von 0 bis 5 platziert werden. Der **Macher** ist der Draufgänger, der diese Veranlagung nicht verheimlichen wird. Der **Sensible** wird durch seine Demutshaltung dir gegenüber, dem Kehle zeigen und der unterwürfigen Körperhaltung, ebenfalls leicht erkennbar sein.

Die emotionale Verbundenheit ist eine ganz persönliche Angelegenheit zwischen dir und deinem Hund, die eigentlich nichts mit den bis jetzt bewerteten Eigenheiten des Hundes zu tun hat. Du magst deinen Hund, hast sein volles Vertrauen und möchtest ihn auf keinen Fall missen. Volle Punktzahl also, der Balken wird von 0 bis 5 platziert. Ist dem nicht so, dann könnte vermehrte Problemlösung angesagt sein. Im ungünstigsten Fall könnte auch ein Besitzerwechsel ein möglicher Lösungsweg sein. Diese Bewertungsangelegenheit wird natürlich wesentlich einfacher für dich sein, wenn du mehrere Hunde besitzt. Der direkte Vergleich zwischen den Hunden offenbart ihre Veranlagung und ist meist relativ deutlich ersichtlich.

Neben der genetischen Veranlagung des Hundes kann es auch nicht schaden, wenn wir uns Gedanken über uns selbst machen.

Eine Partnerschaft hat eben immer zwei Seiten. Was passt zusammen und was nicht? Eine Fragestellung, die man wahrscheinlich am besten erfahrene Psychologen beantworten lassen müsste. Trotzdem ist mein Vorschlag, dass wir es mit unseren begrenzten Möglichkeiten einmal selbst versuchen. Diese Einschätzung ist eine ganz persönliche Angelegenheit, die man nicht unbedingt öffentlich diskutieren wird. Vielleicht hilft es aber schon, das eine oder andere Problem in der Beziehung mit unserem Hund besser zu verstehen und entsprechende Konsequenzen daraus abzuleiten. Eine vertraute Person könnte für eine objektive Einschätzung hilfreich sein.

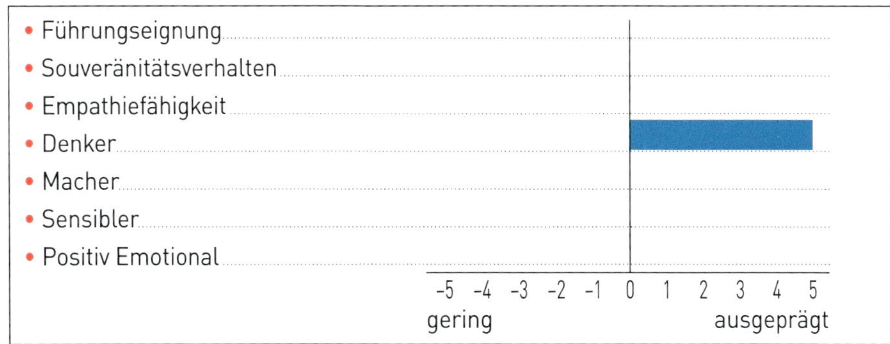

Abb. 7: Einschätzen unserer eigenen Veranlagung

Mein Vorschlag: Du nimmst wieder einen Balken mit der Länge von fünf Skaleneinheiten und platzierst ihn entsprechend deiner Einschätzung. Wenn du beispielsweise eine starke Führungspersönlichkeit bist, dann wird der Balken mehr in Richtung „ausgeprägt" platziert werden. Mit unserer ererbten individuellen Veranlagung müssen wir leben. Das soll aber auch bedeuten, dass unsere Persönlichkeitsentwicklung ständigen Einflüssen unterworfen ist. Im positiven Sinne daran zu arbeiten ist eine Aufgabe, die wir auch im Zusammenleben mit unseren Hunden nicht vernachlässigen sollten. Wir können es, wir müssen nur selber daran glauben! Als Beispiel könnten wir jetzt einmal den Denker Albert Einstein bewerten. Wir würden ihn mit der Platzierung 0–5 (siehe blauen Balken) versehen – maximale Ausprägung.

Auch hier darf ich wieder meine Gedanken zu diesbezüglichen Beurteilungskriterien anführen. Unter

Sheltie: temperamentvoll und beweglich beim Aglility-Sport.

Der Mundwinkelstoß ist beim Welpen ein Futterbetteln. Bei älteren Hunden kann es auch eine Beschwichtigungsgeste bedeuten.

Führungseignung verstehe ich nach menschlichen Verhältnissen übrigens eine Fähigkeit, die du sowohl im Büro als auch auf der Baustelle vorweisen kannst. Sie benötigt eine gewisse mentale Stärke und die Fähigkeit, Regeln und Grenzen zu setzen und gleichzeitig Motivation und sichere Orientierung mit all deinen Entscheidungen zu demonstrieren. Das klingt nicht nur sehr anspruchsvoll, sondern ist es auch. Wenn du diese Fähigkeiten auch den Hunden übermitteln kannst, dann bist du der perfekte Partner für sie. Wer von uns aber kann behaupten, perfekt zu sein? Daran zu arbeiten sollte trotzdem unser Ziel bleiben!

Unter **Souveränität** im Umgang mit Hunden verstehe ich die Gabe zu beobachten, wenn nötig Rat einzuholen, klug damit umzugehen und auf keinen Fall der Meinung zu verfallen, schon alles zu wissen, was die Hundeseele von dir verlangen könnte. Ein erfolgreicher Umgang mit unseren Hunden verlangt auch gewisse empathische Fähigkeiten von uns.

Empathische Menschen können Mimik lesen und verstehen. Sie achten auf unterschiedliche emotionale Signale und wissen, ob das Gegenüber glücklich ist oder nicht. Man könnte diese Gabe auch als „mentales Einfühlungsvermögen“ bezeichnen. Also in der Art der Tiere zu denken und zu fühlen.

Die Wesensmerkmale **Denker, Macher** und **Sensibler** könnte man analog zu den bei den Hunden angeführten Eigenheiten auch für uns Menschen übernehmen. Auch wenn gewisse Eigenschaften wie zum Beispiel die Kehle zeigen nicht unbedingt unserer Art entsprechen, werden Körperhaltung, Mimik und Gestik unsere Wesensveranlagung ersichtlich machen.

Unter **positiv emotional** verstehe ich eine Person, die Gelassenheit ausstrahlt und diese auch von einem Hund erwartet. Man könnte dich auch als Gemütsmensch im positiven Sinne bezeichnen. Ein ständiges Verlangen nach Führung wird dir aber weniger zu eigen sein.

Wer passt zu wem?

Das ist eine einfache Fragestellung, die aber sehr komplexe Antworten generieren kann. Warum Menschen ausgerechnet mit den Wölfen eine Partnerschaft eingehen konnten, lag wohl vor allem an der Ähnlichkeit ihrer sozialen Organisation. Obwohl sie ökologisch gesehen in Konkurrenz standen, waren sie doch ähnlich genug, um miteinander relativ gut auszukommen. Wie wir Menschen sind auch die Nachfahren der Wölfe, die Hunde, mit unterschiedlichen Charaktereigenschaften und Wesensmerkmalen ausgestattet. Wie wir aber individuell am besten zusammen passen, das hat wiederum eine ganz spezielle Dimension.

Unwissenheit und falsche Erwartungen können zu Problemen führen, für die es in bestimmten Fällen keine Lösung mehr gibt. Voraussetzung für eine dauerhafte und harmonische Mensch-Hunde-Beziehung ist, dass Naturell und Lebensbedingungen gut aufeinander abgestimmt sind. Ich hoffe zwar, dass die bisherigen Ausführungen bereits eine gewisse Hilfestellung sind. Es kann aber nicht schaden, wenn wir uns noch etwas gründlicher damit befassen.

Die Entscheidung für Gebrauchshunde, die für die Hütearbeit benötigt werden, sollte relativ einfach zu treffen sein.

Der erfahrene Fachmann weiß in der Regel, was er für seine Erfordernisse benötigt. Den Bogenläufer für die Koppelhaltung, den Furchengänger für die Hüteschäferei und den Herdenschutzhund für die Schutzarbeit. Bei den Treibhunden kann die Entscheidung schon etwas schwieriger sein. Sie gehören eben nicht unbedingt zu den hochspezialisierten Gattungen. Ihre Eigenschaften sind weniger gut vorhersehbar. Besonders Neueinsteiger in der Weidehaltung von Nutztieren sollten sich gründlich informieren, ob bestimmte Treibhunde für sie geeignet sind. Der überwiegende Teil der Treibhunde ist mit relativ viel Schutztrieb ausgestattet. Bei den meisten von ihnen, denken wir einmal an Rottweiler und Co., ist auch der Hütetrieb in der jüngeren Vergangenheit nicht mehr züchterisch gefördert worden. Sie sind meist sehr selbstbewusst und haben häufig einen Hang zum Dominieren.

Für Sport- und Diensthunde gibt es vielseitige Anforderungen. Viele unserer Hütehunde können hier Verwendung finden.

Den richtigen Hund für diesen Aufgabenbereich zu finden ist mit Sicherheit gar nicht so leicht. Wer die Wahl hat, hat die Qual. Besonders, wenn man neu mit dieser Materie konfrontiert ist. Der Wille zu dienen, die Gelehrigkeit und die körperliche Fitness der meisten unserer Hütehunde sind der Garant, dass sie auch hierfür besonders geeignet sind. Hütearbeit in Verbindung mit Krankheitsanzeige wird vereinzelt auch in bäuerlichen Familien praktiziert. Diese speziellen vierbeinigen Helfer sind auf der Beliebtheitsskala unter all den Tieren, die auf einem Hof nun einmal angesiedelt sind, besonders hoch eingestuft. Der Einsatz von Dienst- und Sporthunden setzt einen zuverlässigen Grundgehorsam voraus. Überdurchschnittliche Lernbereitschaft und stabile Wesenseigenschaften sind ebenfalls für die meisten der Anforderungen vorteilhaft. Aktivitäten, die mit Sport und Dienstleistung im Zusammenhang stehen, beinhalten eine Reihe von Aufgabengebieten. Hundesportarten wie Obedience, Agility, Dogdancing oder Hundefrisbee, um nur einige zu nennen, sind inzwischen weitverbreitete Einsatzgebiete unserer Hütehunde. Dann gibt es auch die Fährtenarbeit, die im Rettungs- und Spürhundeeinsatz zum Tragen kommt. Nicht zu vergessen sind natürlich auch die Hunde, die im Sicherheitsdienst als Wachhunde oder spezielle Schutzhunde benötigt werden. Dazu könnte man auch noch eine ganze Reihe von möglichen Zirkustricks wie Totstellen, Rolle, Rückwärtsgehen, Pfötchengeben usw. anführen. Eine Vielzahl von Möglichkeiten, um unsere Hunde sowohl zum Helfer als auch zum Sportgefährten zu erziehen. Ein Thema, das in diesem Rahmen nicht weiter behandelt werden kann. Was all diese Aktivitäten aber gemeinsam haben: **Die Teamarbeit zwischen Mensch und Hund wird dabei immer an erster Stelle stehen. Ein Aufgabengebiet, das für beide Seiten eine besondere Erfüllung bedeuten kann. Wobei der Nutzen für den Menschen durchaus höher bewertet werden kann, als er es für den Hund vermutlich ist.**

Der Berner Sennenhund lernt schnell und wurde als Treib- sowie auch Zughund sehr geschätzt. Trotz seiner Kraft und Körpergröße ist er auch als Familienhund gut geeignet.

Eine Mehrzahl unserer Hütehunde wird wohl im Bereich Begleit- und/oder Familienhund sein Leben verbringen.

Die besondere Nähe zum Menschen verlangt, dass man sich genau überlegen sollte, welche Eigenschaften der zukünftige Hundepartner verkörpern soll. Rasse, Temperament und vieles mehr sind Kriterien, die zu berücksichtigen sind, damit Hund und Mensch gut zusammen passen. Auch wenn es teilweise nicht gerne zugegeben wird: der Hund ist vielfach ein Kind- oder auch ein Partnerersatz. Wenn es zwischen Mensch und Vierbeiner passt, warum auch nicht! Auch hier sollte ein bewährter Grundsatz gelten: Viel wichtiger als die Optik sind die Eigenschaften, die für meine Anforderungen ausschlaggebend sind. **Pflegeaspekte** können auch bei der Wahl ein Entscheidungskriterium sein. Der eine bevorzugt den pflegeleichten Kurzhaartyp, während andere wiederum gerne kämmen und bürsten. Natürlich muss dir der Hund auch gefallen. Wenn dir eine bestimmte Rasse einfach besonders zusagt, dann wird sich auch ein passender Hund, mit Einschränkungen natürlich, innerhalb dieser Rasse finden lassen. Es nützt uns aber nichts, wenn wir unbequeme oder unpassende Veranlagungen, die mit manchen Rassen verbunden sind, einfach ignorieren. Die genetische Veranlagung ist nun einmal eine Größe, die wir nicht so ohne weiteres weg wünschen können. **Muss es wirklich ein triebstarker, respekteinflößender Schutzhundetyp sein oder suchen wir mehr den problemlosen, ruhigen, verspielten und alltagstauglichen vierbeinigen Begleiter?** Letzteres sind natürlich Attribute, die wir uns im Normalfall wünschen würden. Der Hund als Spielgefährte ist vielfach auch eine legitime Zielvorgabe. Gemeinsame Spiele festigen die Bindung der Partnerschaft. Voraussetzung ist aber auch hier wieder die richtige Einstellung zu dieser, eigentlich sehr komplexen Umgangsform. Spiel muss nicht gleich als positives Erfolgserlebnis für beide Seiten angesehen werden. Das stupide Werfen von Beuteobjekten oder unüberlegte Zerrspiele sind leider oftmals Negativerscheinungen, die mehr schaden als nutzen. Als kompetenter Hundekenner wirst du entscheiden, was für eure Partnerschaft passt und was nicht.

Dass die Wesensabstimmung auch in unserer Mensch-Hundebeziehung nicht vernachlässigt werden sollte, ist vielen nicht bewusst.

Die Partnerwahl ist eine Angelegenheit, die bei uns Menschen mit einer Reihe von Sprichwörtern belegt ist wie: „Drum prüfe, wer sich (ewig) bindet" oder „Jeder bekommt den Partner, den er verdient." Ist das so? Diese Aussage könnte besser formuliert heißen: „Jeder hat den Partner, den er erwählt hat." Wenn wir eine Partnerschaft mit Hunden planen, dann denken wir zuallererst an ihre tierischen Eigenheiten. Hunde werden gerne als reine Instinktroboter angesehen, deren Gefühle und individuellen Wünsche vernachlässigbar sind. Dass dem nicht so ist, wird die Mehrheit von uns bestimmt nicht in Frage stellen. **Wie aber sieht es mit unseren Persönlichkeitsmerkmalen aus?**

Mit den Erkenntnissen aus **Abb. 6 und 7** haben wir uns hoffentlich bereits diesbezüglich Gedanken gemacht. Alleine die Beurteilung der Wesensmerkmale von Hund und Mensch sollte uns zu entsprechenden Gedankengängen animieren. Was verträgt sich, was passt zusammen und was wird bestimmte Kompromisslösungen erforderlich machen? Diese Erkenntnis muss natürlich jeder für sich selbst beurteilen. Hierfür gibt es kein Patentrezept. Du kennst deine Stärken und Schwächen aus dem zwischenmenschlichen Bereich. In sich selbst hineinhorchen und kluge Entscheidungen zum Wohle der angestrebten Partnerschaft treffen, sollte die Devise sein.

Dem Schapendoes wird Schnelligkeit und eine enorme Sprungkraft mit in die Wiege gelegt.

Gerade die unterschiedlichen Wesensmerkmale können so einiges an Konfliktpotenzial bedeuten. Ob ein relativ sensibler Mensch mit einem ausgeprägten Macherhund wirklich glücklich werden kann? Dies gilt natürlich auch bei der Umkehrung dieser Frage: Kann der Machermensch auch problemlos mit dem sensiblen Hund zurecht kommen? Wesensmerkmale sind übrigens mit einer Vielzahl von Eigenheiten belegt. So gibt es zum Beispiel auch unter den Hunden ausgesprochen aufbrausende Choleriker und ebenso eher schwerfällige Phlegmatiker. „Hunde sind eben auch nur Menschen" könnte man dazu sagen. **Die perfekte Partnerschaft gibt es nicht. Kompromisse und Anpassungsbereitschaft sind auch in der Mensch-Hunde-Beziehung der Schlüssel zum Erfolg. Wie weit man mit der Kompromissbereitschaft gehen kann, hängt in der Regel auch von unseren momentanen Lebensverhältnissen ab.**

Ich muss zugeben, gerade in den ersten Jahren mit unseren Border Collies konnte ich mit den Extremen – Sensibler und Draufgänger – nicht so richtig warm werden. Mein festes Angestelltenverhältnis, Aufbau und Bewirtschaftung der Landwirtschaft, Bautätigkeit aller dazu gehörigen Gebäude, Familie und das zeitintensive Hobby Hütehundewettbewerbe, all das kostete Energie. Für den sensiblen Hund war die Geduld in diesem Lebensabschnitt nicht meine Stärke. Für den Draufgänger fehlte mir damals das nötige Fachwissen. Inzwischen konnte ich aber lernen, dass gerade diese Charaktere für unsere Hütearbeit besonders wertvoll sein können. Der Umgang mit Hütehunden ist eben eine Materie, bei der man jeden Tag etwas dazulernen kann.

Wenn du gerade in einer ähnlichen Lebenslage bist – Beruf, Familie und mehr – dann sollte die Hunde-Partnerwahl eher in Richtung ruhig und unkompliziert gehen. Mit den Persönlichkeitsmerkmalen unserer Hunde müssen wir leben. Der Hund könnte im Umkehrschluss das Gleiche wohl auch uns gegenüber empfinden. Partnerschaft beeinflusst in gewissem Sinne den Charakter beider Seiten. Trotz oft fundamentaler Gegensätze kann sich durchaus ein gewisser Gewöhnungseffekt mit der Zeit entwickeln. Wir müssen letztlich entscheiden, inwieweit wir durch gute, individuell auf den jeweiligen Hund zugeschnittene Umgangsformen den Bedürfnissen gerecht werden können. **Unpassende Verhaltensweisen – sowohl vom Hund als auch von uns Menschen – können wir nicht einfach wegwünschen oder ignorieren. Für einen anderen Besitzer könnte das genau der Hund sein, den er sich wünscht. Wirklich schlimm in diesem Zusammenhang ist aber eine gewisse Wegwerf-Mentalität, die auch bei der Abgabe von Tieren leider immer öfter zu beobachten ist.**

Die Welpenauswahl ist der Beginn einer hoffentlich langen, harmonischen Mensch-Hunde-Partnerschaft.

Oftmals wird ein Hund nur deshalb gekauft, weil er einem gefällt. Die genetische Disposition wird dabei aber leider nicht immer ausreichend beachtet. Wir dürfen eben auf keinem Fall vergessen, dass dieser momentan recht niedliche Welpe uns im Idealfall rund 15 Jahre begleiten wird.

Die meisten Hunde kommen im Alter von 8 bis 12 Wochen zu ihren neuen Besitzern. Das soll aber nicht heißen, dass man die Welpen bis dahin nicht schon beobachten und in gewisser Weise auch einschätzen kann. Am Anfang wird natürlich die Auswahl der Zuchtstätte stehen. Ein guter Züchter wird bereits beim ersten Kontakt mit dir einiges zu klären versuchen. Ob du über die Rasse ausreichend informiert bist und ob du ein geeigneter Halter sein könntest. Kritische Fragen von beiden Seiten sollten dabei kein Tabu sein. Auch der Züchter wird also anhand persönlichem oder anderweitigem Kontakt eine Vorauswahl seiner potentiellen Interessenten treffen. Ist das alles im positiven Sinne erledigt, dann wird der nächste Schritt ein Besuch der Zuchtstätte sein. Du weißt inzwischen natürlich bereits, ob der Wurf im Wohnbereich oder unter Freilandbedingungen stattgefunden hat. Der erste Eindruck der Haltung und natürlich auch das Verhalten der Mutter und der übrigen Hunde ist ein weiterer wichtiger Gesichtspunkt, der zu beachten ist. Wesensmerkmale sind zwar in erster Linie ein Produkt der Genetik. Das Verhalten der Mutter und auch der anderen anwesenden Hunde ist aber ebenfalls eine Erfahrung, die in gewisser Weise einen Einfluss auf das spätere Verhalten der Nachzucht hat.

Jetzt ist der Zeitpunkt gekommen, auf den wir schon lange mit Spannung gewartet haben: die Auswahl, bzw. die Zuteilung der Welpen. In den meisten Publikationen wird jetzt ein besonders rationales Vorgehen empfohlen. Das ist leichter gesagt als getan. Ich weiß aus langjähriger Erfahrung, dass die

Ein Collie ist im Hundesport vielfach zu sehen.

erste Entscheidung meist ein Produkt einer spontanen Eingabe ist. In meiner eigenen Erfahrung mit der Zuchttierauswahl von Zukaufstieren verlasse ich mich auch gerne auf mein spontanes Bauchgefühl. Bei einer überschaubaren Anzahl von Tieren möchte ich bereits auf Anhieb eine gewisse Präferenz für eines von ihnen haben. Spätestens ab jetzt müssen wir aber versuchen, wieder mehr in rationalen Dimensionen zu denken. Äußerlichkeiten wie Farbe, Zeichnung und Körpereigenheiten hast du bereits mit deinem spontanen emotionalen Empfinden abgedeckt. Jetzt sollten wir den momentan Auserkorenen einmal nach den zu erwartenden Wesens- und Charaktereigenheiten begutachten. Du solltest dich fragen, wie du diesen momentan zuckersüß erscheinenden Welpen im erwachsenem Alter erleben möchtest. Willst du wirklich den **ultimativen Draufgängertyp** oder könnte es doch besser auch der etwas reserviertere sein? Der erfahrene Züchter kann dir in dieser Phase mit Sicherheit schon einiges über seine Einschätzung erzählen. Du möchtest natürlich deine eigenen Beobachtungen machen. Dafür solltest du vor allem einfach einmal genügend Zeit einplanen. Meine Empfehlung: Beobachte den Wurf über längere Zeit aus einer gewissen Entfernung. Denke auch bereits bei diesen ersten Kontakten daran, den Welpen nicht nachzulaufen. Warte, bis die einzelnen Welpen zu dir kommen. Die Art und Weise des sich Näherns sagt auch so einiges über ihre Wesensveranlagung aus. Der freudig herankommende Welpe könnte bereits vom Züchter entsprechend geprägt worden sein. Für dich vielleicht momentan ein Zeichen von besonderer Menschenfreundlichkeit. In Wirklichkeit können das aber erste Anfänge von Führungsverlust vonseiten des Hundehalters sein. Je mehr sie bereits in diesem Alter mit überschwänglicher Verwöhnung bedacht worden sind, desto weniger werden sie den Menschen als ranghöheres Rudelmitglied einordnen. **Ich bevorzuge Welpen, die relativ unspektakulär herankommen, mich kurz beschnuppern und etwas reserviertere Kontaktbereitschaft signalisieren.**

Auf keinen Fall solltest du deinen Favoriten sofort übermäßig anstarren, hochheben und mit deiner Zuneigung überschütten. Wie würdest du reagieren, wenn ein imaginärer Riese kommt und dich bis auf die Höhe eines Kirchturms hochhebt? Du wunderst dich dann, dass er zu zittern beginnt und nach dem Absetzten im nächstbesten Versteck verschwindet. Hat das etwas mit Ängstlichkeit zu tun? Du wirst vielleicht den überschwänglich Lebhaften, der sofort auf dich zugestürmt kommt, momentan einmal den anderen vorziehen. Habe ich recht? Hast du auch daran gedacht, dass er als erwachsener Hund auch ein ausgeprägter **Machertyp** werden könnte und du in der Lage sein musst, ihn auch dann in seine Grenze zu weisen? Dann ist in diesem Wurf auch einer, der nicht sofort herkommt. Der sich etwas abseits von den anderen hält und mehr beobachtet als agiert. Er wird vielleicht auch nicht sofort auf einen Fremden zustürmen. Warum sollte er auch? Ist das ein sensibler oder gar ängstlicher Typ? Mit ziemlicher Sicherheit wird es aber der vorwiegend als **Denker** agierende Hund sein. Sensibel darf man nicht mit schreckhaft verwechseln. Schreckhaftigkeit kann auch etwas mit ungewohnten Ereignissen zu tun haben. Gib also auch diesem Welpen Zeit und lass ihn einfach einmal in Frieden. Beobachte ihn über längere Dauer – dein Urteil könnte dann wieder etwas vorteilhafter für ihn ausfallen. Der mehr sensibel und leicht unterwürfig veranlagte Hund wird bei Spielaktionen schon öfter einmal auf dem Rücken liegen und die Kehle zeigen. Ein **sensibler Hund** wird weniger oft bei der Welpenauswahl zum Zuge kommen. Wenn du später einmal ungern mit Verbotskommandos arbeiten möchtest, dann könnte gerade dieser Hund dein besonderer Freund werden. Vergiss auch nicht, dass der **Sensible** und der **Denker** auf Anhieb von einem Außenstehenden nicht so leicht zu unterscheiden sind. **Bei der Beurteilung des Temperaments ist auch zu beachten, wann das letzte Mal gefüttert wurde. Welpen sind schnell müde und schlafen gerne lange, besonders wenn sie gerade volle Bäuchlein haben.**

Spezielle **Welpentestmethoden** werden mit ausführlich theoretischen Anleitungen verschiedentlich auch für die Gebrauchshundeeignung empfohlen. So wird man für den Schutzhundeeinsatz häufig den besonders durchsetzungsfähigen Welpen suchen, im Suchhundebereich den mit der feinen Nase und für den Hüteeinsatz den mit einem früh erkennbarem Hütetrieb. Alle diesbezüglich angepriesenen Methoden sind mit Sicherheit nur bedingt aussagekräftig. Ein Welpe, der momentan fröhlich durch die Gegend rennt, wird gerne als besonders wesensfest eingestuft. Ob er sich zu einem anderen Zeitpunkt ebenfalls so verhalten würde, steht auf einem anderen Blatt. Jeder Welpe entwickelt sich individuell in seinem eigenen Tempo. Am Ende gilt auch hier wieder: Lass dich vom Züchter beraten und versuch, dich so gut wie möglich auf deine eigene Intuition, also deine innere Stimme und dein Gefühl zu konzentrieren. Wenn die Chemie stimmt, dann ergibt sich in der Regel alles andere von alleine. Testmethoden sind normalerweise für die spätere Eignung der Hunde entwickelt worden. Wie aber sieht es mit den Eigenschaften des menschlichen Partners aus? Eine Fragestellung, die leider allzu oft vernachlässigt wird.

Wenn du die Welpen besuchst, dann lass dir auch die Eltern zeigen. Wenn der Rüde nicht beim Züchter ist, dann solltest du unbedingt auch etwas über ihn in Erfahrung bringen. Mit den heutigen Internetmöglichkeiten sollte das ein Leichtes sein. Ihn in natura zu begutachten wäre natürlich die bessere Option. Du wirst sehen, so einige Eigenheiten der Eltern wirst du später auch bei deinem Hund beobachten können. Die Begutachtung der Eltern wird dich auch wieder daran erinnern, dass diese kleinen putzigen Welpen nicht ewig klein bleiben. **Abschließend zum Thema Welpenwahl möchte ich zwei Gedanken wiederholen: Nur weil ein Welpe als erster auf dich zustürmt, sollte das nicht unbedingt dein einziges Auswahlkriterium sein. Denke bitte auch an deine eigenen Wesensmerkmale und suche den Partner, der am besten zu dir passt.**

Wie sich unsere Hütehunde mit anderen Tierarten vertragen, wird auch für viele ein Kriterium sein, das Beachtung verlangt.

Bist du auch noch Katzenbesitzer, dann wirst du hier schon einmal mit Problemen rechnen. „Wie Hund und Katze miteinander umgehen" heißt, in dauerhafter Feindschaft leben. Hütegebrauchshunde, die außer Arbeit und Zwinger wenig andere Erfahrung haben, werden Katzen in der Regel als Eindringlinge betrachten. Ernsthafte Auseinandersetzungen zwischen beiden Arten sind dann mit Sicherheit programmiert. Eine Feindschaft zwischen Hund und Katze muss aber nicht sein; es gibt zahlreiche Beispiele, die das Gegenteil belegen. Durch erzieherische Einwirkung oder aber auch durch gewisse selbst regulierende Erfahrungen können die meisten Hunde zu einer Katzenverträglichkeit gebracht werden. Besonders im Welpenalter können Katzen ihre Wehrhaftigkeit den Hunden gegenüber ziemlich effektiv demonstrieren. Unser alter Border Collie Jaff konnte bis zum Rentenalter von 14 Jahren nicht unbedingt als Katzenfreund bezeichnet werden. Als er dann schon etwas greisenhaft auf dem Hof freie Wahl für seinen Schlafplatz hatte, dauerte es nicht lange, bis er eine Freundschaft mit einer Katze entwickelte und beide friedlich nebeneinander geschlafen haben.

Bindungen zwischen unterschiedlichen Tiergattungen sind keine Seltenheit – das ist hinlänglich bekannt. Die enge Bindung zwischen Mensch und Hund ist der beste Beweis dafür. Der Einsatz von Herdenschutzhunden beruht ebenfalls auf dieser Erkenntnis. Diese Hunde werden von Jugend an mit den betreffenden Weidetieren bekanntgemacht. Sie wachsen in oder nahe bei der Herde auf. Sie sind also ständig mit dem Geruch, dem Blöken und Meckern dieser Tiere konfrontiert und lernen somit, diese Nutztiere als ihre Familie zu betrachten.

Unser erster Border Collie hatte mangels einer geeigneten Unterbringung seinen Schlafplatz den Winter über im Schafstall. Es dauerte nicht lange, da entwickelte sich bei gewissen Lämmern, die es schafften, unter den Horden durchzukriechen, eine unübersehbare Freundschaft zwischen ihnen und dem Hund. Für uns momentan ganz lustig und nicht unwillkommen. Bei der Hütearbeit in diesem ersten Sommer aber gleichbedeutend mit einer Katastrophe: Der Hund hat zwar die erwachsenen Schafe getrieben, wie es von ihm verlangt wurde. Die Lämmer aber behandelte er, als wären sie in dieser Herde überhaupt nicht existent. Die Hütearbeit in diesem Sommer war also mehr Chaos als alles andere. Freundschaften zwischen Hunden und anderen Tierarten müssen also nicht immer vorteilhaft sein. **Wenn du aber möchtest, dass dein Hund mit allen oder auch nur mit bestimmten Tierarten gut auskommt, dann solltest du bereits im frühen Jugendalter erzieherisch entsprechend einwirken.**

Der Weiße Schäferhund ist heute auch bei verschiedenen Hundesportarten zu sehen.

Anspringen oder aufspringen bedeuten in der Tierwelt in der Regel eine Dominanzbekundung. Bei Hunden muss hier aber weiter differenziert werden. Bei einem mehr sensiblen, unterwürfigen Hund kann es auch der Versuch einer Beschwichtigungsgeste in Verbindung mit dem Mundwinkelstoß sein. Unaufgefordertes Anspringen sollte auf keinem Fall durch Zurückweichen ignoriert werden. Der Hund kann dann nur den Eindruck gewinnen, dass der Mensch keinesfalls die Führungskraft ist.

Artgerechter Umgang, der Eignung entsprechend

Der Umgang mit Tieren

Der Umgang mit Tieren ist für viele von uns eine natürlich vorhandene Fähigkeit, die wir ohne groß zu überlegen in die Tat umsetzen können. Manche Leute haben dann zusätzlich noch das Glück, dass sie bereits in frühester Jugend Erfahrungen mit Tieren sammeln konnten. Wurden sie dann auch noch fachkundig unterstützt, umso besser. Durch die Domestikation unserer Tiere wurde ein Umwandlungsprozess vollzogen, der den meisten Haustieren ein angepasstes Zusammenleben mit uns Menschen ermöglicht.

Bei unseren Hunden ist die Fähigkeit, mit uns Menschen gut zurechtzukommen besonders ausgeprägt. Ihre leichte Sozialisierbarkeit und auch ihre differenzierte Kommunikationsbereitschaft erleichtert den Umgang mit ihnen. Natürlich gibt es bei unseren Hunden auch rassespezifische Eigenheiten, die man nicht einfach wegzaubern kann. Wir müssen dann eben lernen, sinnvoll damit umzugehen. Wissen, Konsequenz, Geduld und Leidenschaft sind hier gefragt. Die Charaktereigenschaften eines jeden Lebewesens, auch die unserer Hunde, sind ein Mix aus Genetik und Lebenserfahrung. Ein erfolgreicher Umgang mit unseren Hunden verlangt auch eine gewisse empathische Einstellung von uns. Empathische Menschen können Mimik lesen und verstehen. Sie achten auf unterschiedliche emotionale Signale und wissen, ob das Gegenüber glücklich ist oder nicht. **Respekt und Hochachtung sind Attribute, die wir, egal ob gegenüber Mensch oder Tier, immer zeigen sollten!**

Ein Wasserspiel, das einfach Spaß macht.

Überlegungen zu einem artgerechten Umgang mit Hunden haben leider, teilweise auch unbewusst, einen geringen Stellenwert.

Ihre Vermenschlichung und die Unkenntnis ihrer speziellen Wesenseigenheiten und elementaren Bedürfnisse sind letztlich eine Missachtung ihrer Eigenart. Wenn wir artgerecht mit unseren Hunden umgehen wollen, dann sollten wir sie auf keinen Fall mit rein menschlichen Maßstäben messen. Unsere Vorstellungen von Gut und Böse, von Schuld- und Pflichtgefühl, von Ehrgeiz, Mitleid und Moral sind Ansprüche, die wir nicht ohne weiteres an unsere Hunde stellen sollten. Wenn sie trotzdem diesbezügliche Eigenschaften zeigen, dann vor allem, weil sie gelernt haben, ihr Verhalten mit lust- oder negativbetonten Erfahrungen zu verknüpfen.

Im Zusammenleben mit uns Menschen wird es natürlich auch immer wieder Situationen geben, die nicht mit dem natürlichen Verlangen der Hunde übereinstimmen. Wir müssen dabei eben lernen, wie wir unsere Anforderungen möglichst tiergerecht übermitteln können. Der Umgang mit Tieren und speziell mit unseren Hunden hat in den letzten Jahrzehnten mit etlichen neuen Erkenntnissen in die Literatur Eingang gefunden. So wurde Mitte des vorigen Jahrhunderts noch von angemessener Bestrafung von Fehlern und Irrtümern geschrieben. Zu lesen war von „hartem Zuspruch und Korrektur mit angepasstem Schmerzreiz, erzwungenen Haltungs- und Stellreflexen im Sinne der Dressur". Eine weitere Vereinfachung war die Feststellung, dass der Hund als Meutetier gewöhnt ist, sich zu behaupten oder unterzuordnen. Also braucht der Mensch einfach nur der Meuteführer des Hundes werden, um ihn entsprechend zu erziehen – **so die damals gängige Praxis in Bezug auf Ausbildungsmethoden.**

Inzwischen haben sich Umgangsformen und Ausbildungsmethodik für unsere Hunde erheblich weiterentwickelt. Erkenntnisse aus Forschungsprojekten mit Wölfen und auch wissenschaftliche Veröffentlichungen zum Umgang mit Hunden haben eine neue Ära von Empfehlungen eingeleitet. Ich habe allerdings den Eindruck, dass der Wolf von manchen Autoren dabei gerne etwas glorifiziert wird. Dass Wölfe die gefährlichsten und erfolgreichsten Raubtiere sind, besonders in unseren Breiten, wird selten klar ausgesprochen. Warum erfolgreich? Weil sie relativ intelligent sind und einen gut funktionierenden Gemeinschaftssinn haben. Unsere Hunde sind ihre nahen Verwandten, dessen sollten wir uns immer bewusst sein! Ob wir diese Ähnlichkeit mit Dominanzbeziehung, mit Sozialstatusordnung oder mit anderen Worten bezeichnen, sollte jetzt einmal zweitrangig sein. Dominanz und Dominanzfähigkeit in Verbindung mit Hunden wird momentan nicht gerne angewandt oder gefordert. Unter seriösen Wissenschaftlern sind dies aber durchaus immer noch gebräuchliche Begriffe. **Fakt ist: Wenn du den Umgang mit deinem Hütehund erfolgreich gestalten möchtest, dann musst du lernen, wie ein Hund zu denken und zu agieren. Dazu gehört vor allem, dass dem Hund das Gefühl übermittelt wird, in einer gut funktionierenden Rudelgemeinschaft zu leben.**

Im Umgang mit Hunden hat sich in letzter Zeit - verzeih mir die Wortwahl der nächsten Sätze – eine gewisse **Leckerli-Mentalität** etabliert. Wenn ich an all die diesbezüglichen Fernsehsendungen und Veröffentlichungen denke, dann kann ich dabei ein gewisses Peinlichkeitsgefühl nicht vermeiden. **Mit Vermenschlichung und Streichelzoo-Mentalität wirst du den Ansprüchen Deines Hundes in vielen Fällen nicht gerecht werden.** Es gibt allerdings mittlerweile erste Publikationen, die andere Alternativen anbieten. Dazu aber noch Anmerkungen im weiterem Verlauf dieses Abschnittes.

Unsere Hütehunde sind teilweise auch Träger von Schutz- und Jagdhundegenetik, in unterschiedlicher Intensität natürlich. Empfehlenswert ist

Ein Lapinporokoira wurde ursprünglich für die Hütearbeit an Rentieren gezüchtet. Sein Wille zu gefallen ist, wie bei vielen unserer HH, ebenfalls ausgeprägt vorhanden.

es deshalb auch, etwas über den Tellerrand zu schauen und entsprechende Literatur mit zu unserer Wissenserweiterung zu verwenden. Damit möchte ich sagen, besorge dir gerne einmal auch ein Buch über das Jagd- oder Schutzhundewesen. Auch Literatur die ruhig schon etwas älter ist und im Fachjargon nicht unbedingt mit dem heutigen Verständnis ausgestattet ist. Bei so manchen unserer Probleme könnte das Studium derartiger Veröffentlichungen auch Lösungsansätze vermitteln.

Auch hat sich in vielen neueren Veröffentlichungen eine spezielle Fachterminologie entwickelt. Man spricht dann zum Beispiel Konditionierung, Impulskontrolle, agonistisches Verhalten, Erziehungsmaßnahmen wie sozialexpansives Verhalten, Authentizität, um nur einige der gebräuchlichen Begriffe zu nennen. Die Bedeutung und Verwendung dieser speziellen Fachsprache möchte ich hier nicht weiter vertiefen. Wenn du darüber mehr wissen möchtest, dann findest du im Literaturverzeichnis dieses Buches einiges davon. Ich möchte noch einmal betonen, dass das Ziel meiner Ausführungen die Vertiefung und die Erkenntniserweiterung zu Wesen und Eigenarten unserer Hütehunde ist. Literatur zum Alltagsumgang, Welpentraining, Grundgehorsam und auch zu Problemlösungsstrategien ist in einer Reihe von Veröffentlichungen erhältlich. Dies soll hier ebenfalls nicht weiter vertieft werden. Mein Anliegen ist vielmehr, die intensive Auseinandersetzung mit dem Wesen und der Veranlagung unserer Hütehunde. Der Versuch, die Eigenheiten der Hunde zu begreifen und dadurch Probleme so weit wie möglich erst gar nicht entstehen zu lassen.

Meine Gedankengänge zum Umgang mit Hunden beruhen vor allem auf der täglichen Beobachtung unseres eigenen Hunderudels. Unser zu bestimmten Zeiten freilaufendes Rudel macht oberflächlich gesehen einen durchaus friedlichen Eindruck. Ernsthafte Kämpfe kommen sehr selten vor. Die Welpen und Junghunde pflegen ihre spielerischen Auseinandersetzungen. Das ist dann nichts anderes als eine Einübung der später benötigten Fertigkeiten. Wer die geschickteste Taktik und das größere Durchsetzungsvermögen

Ein ausgewachsener Mini-Aussie wird mit Futter belohnt. Für mich eine sehr fragwürdige Belohnungsart.

hat, gewinnt. Die älteren Hunde sind relativ geduldig mit den Annäherungsversuchen der Welpen. Wenn es ihnen aber zu bunt wird, dann wird geknurrt, die Zähne gefletscht oder auch schon einmal etwas heftiger gebissen. „Nein!" heißt in diesem Fall dann auch unmissverständlich „Nein!". Das wird teilweise auch sehr körperlich übermittelt. Das Spielen der älteren Hunde beschränkt sich meist auf Scheinkämpfe und Laufspiele. Immer unterschwellig vorhanden sind Rangordnungs-Demonstrationen. Es kommt dabei relativ selten zu ernsthaften Auseinandersetzungen. Um die Dominanzbeziehung zu festigen, sind sowohl Imponiergehabe als auch Demutsverhalten ein ständiger Begleiter beim gemeinsamen täglichen Freilauf unserer Hunde. Was möchte ich durch diese Beobachtungen für unseren Umgang mit Hunden ableiten?

Erstens: Wenn du mit dem Welpen spielst, bedenke, dass er diese Spiele als erwachsener Hund anders einordnen wird. Zweitens: Ein halbherziges Nein wird in den wenigsten Fällen eine Abhilfe bringen. Drittens: Dominanzbeziehungen sind ständigen Herausforderungen unterworfen. Wir als Hundehalter sind auch Teil des Rudelgeschehens und werden von unseren Hunden entsprechend unseres Verhaltens in das Hierarchiegeschehen eingeordnet.

Den Umgang mit unseren Hütehunden möchte ich nun mit drei relativ einfachen Fragesstellungen aus dem Schäferleben durchleuchten. Es handelt sich hierbei um Fragen, die vor allem von Seminarteilnehmern gestellt werden, die sich mit den Anfängen der Hütekunst befassen. Mit diesen Fragestellungen möchte ich aber auch den Familienhundebesitzer ansprechen, der sinngemäß ebenfalls damit konfrontiert sein wird.

Frage Nummer eins: Wie verhindere ich, dass der Hund zu nahe an den Schafen aufläuft? Beim Bogenläufer ist darunter ein zu enges Einkreisen der Tiere zu verstehen. Beim Furchengänger ein unkontrolliertes Heranspringen an die Tiere. Beim Treibhund ein disziplinloses Fersenzwicken. **Antwort:** Erlaube es einfach nicht! Man könnte das auch mit **„Grenzen setzen"** umschreiben.

Frage Nummer zwei: Wie bringe ich dem Hund bei, auf große Entfernung zuverlässig zu arbeiten? **Antwort:** Jeden Tag einen Meter weiter hinausschicken, dann sind das im Jahr auch mehr als 300 Meter. Diese Frage kann auch mit Nichts überstürzen, **geduldig sein**" beantwortet werden.

Frage Nummer drei: Was machst du, damit Hunde gerne und auf Anhieb für dich arbeiten? **Antwort:** Organisiere das Umgangsgeschehen so, dass es für den Hund immer ein Erfolgserlebnis bedeutet! Ein Erfolgserlebnis ist eben nichts anderes als ein **„Belohnungsereignis"**.

Die Antwort zu Fragestellung Nummer eins, dem Hund klar und deutlich seine Grenzen zu setzen, wird momentan in vielen Publikationen eher vorsichtig abgehandelt.

Liebe, Lob und Zuneigung sind natürlich mit Recht erstrebenswerte Verhaltensweisen im Umgang mit anderen Lebewesen. Dies erinnert mich aber auch an die Hochphase der sogenannten „antiautoritären Kindererziehung". Wenn man an die früheren Erziehungsmethoden denkt, war die Notwendigkeit eines weniger harten Umgangs eine längst überfällige Erkenntnis in der Pädagogik. Man hat aber inzwischen auch gelernt, dass es trotzdem auch weiterhin eine Schulordnung geben muss und dass Respektlosigkeit gegenüber Lehrern und Eltern nicht Teil einer von Zuwendung und Verständnis geprägten Erziehungsmethode sein kann.

Lapidar ausgedrückt: „Verzogene" Kinder werden auch nicht unsere Zielvorstellung sein. In diesem Zusammenhang eine Empfehlung: Wenn bei dir als Züchter von Hütehunden eine Familie mit Kindern erscheint, und du das Gefühl hast, bei diesen Kindern könnte so einiges an Erziehungsmethodik schiefgelaufen sein, dann gib ihnen keinen deiner hochintelligenten Hütehunde. Das Problem sind nicht die Kinder. Es sind die Eltern, die auch mit deinem Hund nicht zurecht kommen werden. Auch im Zusammenleben mit unseren Hunden sind Regeln und Gebote unerlässlich, um ein harmonisches Miteinander zu gewährleisten.

Hunde testen ihre Grenzen im Umgang untereinander des Öfteren. Im Rudel ist die sofortige Verhaltenskorrektur, angepasst an die jeweilige Situation, das Mittel der Wahl. Deine Unmutsäußerung darf dabei ruhig mit hundlicher Lautäußerung einhergehen. Hat dein Hund dich dann verstanden, ist meistens alles wieder im normalem Bereich. Damit wir dabei das Vertrauen unseres Vierbeiners nicht verlieren, wird unsere sofort demonstrierte, versöhnliche Haltung alles wiedergutmachen. Was ich damit aber trotzdem ausdrücken möchte ist, dass du vor lauter Liebe und Zuneigung zu deinen Hunden nicht vergessen darfst, auch klare Grenzen zu setzen. Erkläre deutlich, was erlaubt ist und was nicht. Meine lapidare Empfehlung zum Umgang mit Hunden: **Alles, was du von deinen Hunden nicht erleben möchtest, erlaube ihnen einfach nicht. Klingt relativ einfach – und ist es auch. Vorausgesetzt du hast gelernt, richtig mit ihnen umzugehen. Dazu aber gleich noch mehr.**

Vorher aber ein Erlebnis, das mir im Zusammenhang mit dem Setzen von Grenzen einfällt. Eine unsere Töchter ist berufstätig und besitzt einen Hütehund. Sie und ihre Kinder sind von 7 Uhr bis ca. 14 Uhr außer Haus. Der Hund ist während dieser Zeit im Zwinger. Ab 14 Uhr lebt der Hund dann im Wohnhaus. Er hat einen Liegeplatz im Eingangsbereich der Wohnung, der gepflastert ist und mit großer Öffnung, aber ohne Tür, in den Wohnbereich übergeht. Der Hund kann die ganze Wohnung überblicken. Er wurde so erzogen, dass er sich nur im gepflastertem Bereich aufhält. Egal welche Versuchungen in der übrigen Wohnung den Hund animieren könnten, er bleibt in dem ihm zugewiesenen Bereich. Obwohl ich meine Empfehlung – erlaube etwas einfach nicht, was du nicht möchtest – immer mit größtmöglicher Überzeugung weitergebe, musste ich unsere Tochter dann doch fragen, wie sie so etwas zustande bringen konnte – so, dass es auch mit Sicherheit funktioniert. Ihre kurze Antwort: „Ich mach es so, wie wir es von dir als Kinder miterlebt haben. Einmal kräftig knurren, wenn er etwas macht, das ich nicht will." Das Grenzensetzen ist in diesem Fall wortwörtlich zu verstehen: Es findet in dem Moment statt, in dem der Hund versucht, die Grenze zwischen Eingang und Wohnung zu überschreiten. Diese Erziehungsmethode – einmal kräftig knurren – könnte nach den momentan gängigen Ausbildungsmethoden als „negative Verstärkung" bezeichnet werden. Also nicht unbedingt dem neuesten Stand der Erziehungsmethoden entsprechend. Dazu aber noch mehr im weiteren Verlauf dieses Abschnittes.

Ein verbales „Nein" wird gelegentlich als Einschüchterung und unsachgemäßes Bedrängen verstanden. Das Wort „Nein" benutze ich übrigens auch relativ ungern. Erstens, weil es eben nicht in unsere positiv denkende Ausdrucksweise passt, und zweitens, weil der Nach-

Kelpies sind aktive, aufmerksame Hütehunde die es gewohnt sind, relativ selbstständig zu arbeiten.

bar, der beim Training über den Zaun schaut, nicht unbedingt wissen soll, dass schon wieder etwas nicht nach Plan gelaufen ist. Meinen Nein-Knurrlaut möchte ich als imitierte Hundesprache verstanden wissen, zu der ich später noch etwas schreiben werde. Für das Grenzensetzen gibt es verschiedene Vorgehensweisen. Einmal das profane Verbotskommando, dann technische Hilfsmittel und außerdem heute vielfach praktizierte Ablenkungsmanöver mit sehr unterschiedlichen Lösungsansätzen. Letztere beruhen meist auf einer Leckerli-Belohnung. Grenzen können auch in Verbindung mit dem wölfisch ererbten Reviergehabe in Verbindung gebracht werden. Einem Hund anzulernen das Grundstück zu verteidigen, dieses nicht zu verlassen und auch das Wehren von Grenzen in der Hütearbeit sind Verhaltensweisen, die unseren Hunden relativ gut begreiflich gemacht werden können. Reviergrenzen zu markieren und zu verteidigen sind eben Instinkte, die ihrem Naturell besonders entsprechen.

Der Bouvier des Flandres wurde ursprünglich vor allem zum Treiben von Rindern verwendet. Ein Hütehund mit ausgeprägter Schutzveranlagung.

Wir alle haben eine Vorstellung, was unser Hund darf und was nicht. Es ist unser Bestreben, dem Hund zu zeigen, wie wir uns die Grenzen seines Handelns vorstellen. Wenn ein Hund etwas unterlässt, was er eigentlich gerne tun möchte, dann nur deshalb, weil er durch unsere Einwirkung gute oder schlechte Erfahrungen gemacht hat. Da stellt sich für uns auch die Frage, wie die Hunde untereinander kommunizieren, wenn sie möchten, dass ein anderer etwas unterlassen sollte; der andere sozusagen in die Schranken gewiesen werden soll.

Da fällt mir als Erstes das Futterdominanzverhalten im Rudelverbund ein. Ein besonders begehrtes Beuteobjekt, ein Teil eines Schlachtkörpers eines Altschafes, wird bei uns mehreren Hunden gleichzeitig zum Füttern vorgelegt.
Der Dominanteste unter ihnen lässt keinen anderen an das Futter. Doch die anderen wollen natürlich ebenfalls dabei sein und versuchen mit allen Mitteln, an die Beute zu kommen. Der Stärkere warnt die Konkurrenz schon einmal durch leichtes Knurren, damit sie Abstand hält. Versucht es einer aber trotzdem, wird das Knurren heftiger. Lässt der Konkurrent dann noch immer nicht ab, gibt es einen blitzschnellen Scheinangriff, bei dem auch die Zähne zum Einsatz kommen können. Auf uns Menschen kann diese Beobachtung schon relativ furchteinflößend wirken.

Der Harzer Fuchs kann eine Abkühlung nach anstrengender Arbeit gut gebrauchen.

Für die Hunde ist es aber nichts weiter als ein normales Dominanzgehabe. Der Unterlegene hat die Botschaft verstanden, er zieht sich ein wenig zurück und wartet, bis er an der Reihe ist. Keiner ist beleidigt und wenn die Fressorgie vorbei ist, herrscht wieder Alltag wie sonst auch. Wir Menschen wären als Unterlegene wahrscheinlich etwas länger beleidigt. Für die Hunde ist das nichts anderes als eine normale Demonstration von Stärke und Status. Das leise Knurren war die Vorwarnung, die man irgendwie noch nicht ganz ernst genommen hat. Heftiges Knurren und Zuschnappen aber waren das **ultimative Nein**, das dann auch befolgt wird.

Meine Lehre aus dieser Beobachtung ist folgende: Mein mildes Nein drücke ich mit einem leichtem „Hey" aus, das aber situationsbedingt auch steigerungsfähig sein kann. Mein ultimatives Knurren ist eine Steigerung, die befolgt werden muss. Ich muss zugeben, dass das auch nicht immer und in jedem Fall erfolgreich ist. Meistens aber schon!

Ein Bekannter, der uns gelegentlich besucht, ist stolzer Besitzer eines Border Collies aus unserer Zucht. Er ist eine sehr freundliche Persönlichkeit. Der Hund ist ebenfalls freundlich, folgsam und von angenehmem Wesen. Nur ein Problem gibt es in dieser Beziehung: Sobald der Hund an die Leine kommt, ist er wie ausgewechselt. Er hört nicht mehr, er zieht und macht praktisch, was er will. Meine Routinefrage dann, wie bei jedem Besuch: „Darf ich mit ihm gehen?" Ich übernehme die Leine, der Hund agiert dann wie beim Herrchen gewohnt, ist wie ausgewechselt, ignoriert, was am anderen Ende der Leine passiert, zieht und bestimmt sofort, wie er sich den weiteren Spaziergang vorstellt. Ich ärgere mich – was man als guter Hundeführer nicht sollte – und lasse gleichzeitig ein etwas heftigeres Knurren ertönen. Der Hund reagiert sofort. Wenn er sprechen könnte, würde er wahrscheinlich sagen: „Gibt es wirklich Menschen, die derart unangenehm, fast so wie ein Hund, dem etwas nicht passt, agieren können?" Von diesem Zeitpunkt an ist er wie ausgewechselt und reagiert auf den Menschen neben ihm, als wäre er der folgsamste Begleiter auf diesem Planeten. Ich muss ihm dann auch wieder freundlich zureden, damit er nicht zu weit hinter mir läuft. Dann machen wir zusammen einen kleinen Spaziergang. Alles ist entspannt, ich gebe dem Bekannten seinen Hund zurück und er läuft dann ebenfalls kurz mit ihm an der

Leine. Für mehr reicht die Zeit wieder einmal nicht. Der spätere E-Mail-Bericht lautet dann wie immer: „Es hat für mindestens eine Woche geholfen!"

Hierzu bitte ich zu beachten, dass diese kurze Episode keine endgültige Lösung für das Problem bedeuten kann. Das ist mehr als offensichtlich. Ich will damit nur ausdrücken, dass man den meisten unserer Hütehunde schon mit relativ einfachen Mitteln die gewünschte Botschaft übermitteln kann. Ich möchte in diesem Zusammenhang aber auch noch einmal betonen, dass Probleme, die du als Hundehalter nicht selbst lösen kannst, in die Hände von gut ausgebildeten Hundetrainern gehören!

Grenzen setzen ist etwas, dass Hunde naturgemäß am besten verstehen. Unstimmigkeiten werden, wenn nötig, abrupt und effektiv gelöst. Knurren als Vorwarnung, Zähne zeigen und ein blitzschneller Scheinangriff ist in der Regel die Vorgehensweise. Diese Hundesprache verstehen sie aber nur, wenn sie selbst die entsprechende Erfahrung mit anderen Hunden machen konnten. Das heißt, sie hatten von Geburt an und natürlich auch für den Rest ihres Lebens immer wieder ausreichend Kontakt mit anderen Hunden. Diese Art der Hundesprache ist auch für dich erlernbar. **Je mehr dein Hund die Macher-Eigenschaften in seiner Genetik verankert hat, um so bestimmender müssen auch deine Reaktionen in Bezug auf das Grenzen setzen vorhanden sein.** Wenn du in dieser Hinsicht völlig unbedarft bist und die Probleme – selbst mit externer Hilfe – einfach nicht zu lösen sind, dann solltest du dir vielleicht die Grundsatzfrage stellen, ob dein Hund oder diese spezielle Rasse wirklich der richtige Partner für dich ist. Es gibt ja auch andere Haustiere, die weniger aufwendig im Umgang sind.

Grenzen setzen ist auch etwas, das bei der Hütetätigkeit zum täglichen Brot gehört. Jeder, der schon einmal Nutzvieh mit Hunden getrieben hat, weiß, dass man seine Hunde nur mit einer ausgeprägten Dominanzfähigkeit unter Kontrolle halten kann. Wie wir wissen: Hüten heißt für den Hund jagen. Wenn du einen Hund schon einmal beim Rehe jagen erlebt hast, kannst du bestimmt auch nachvollziehen, dass man mit freundlicher Aufmunterung und gut gemeintem Belohnungsverhalten nicht viel Erfolg haben wird. Dominanzfähigkeit heißt hier schlicht und einfach Folgendes: Aufgrund deiner Methodik, deiner Ausstrahlung und deiner Führungsqualität wirst du die Situation jederzeit unter Kontrolle bringen können. In diesem Zusammenhang möchte ich hier noch einmal die Hüteerfahrung als prägend für den Hundehalter hervorheben. Solltest du jemals die Möglichkeit bekommen, deinen Hütehund am Nutzvieh auszubilden, dann könnte das eine bleibende Erfahrung für dich sein. Wenn du es dann auch noch schaffst, einen Hund mit starkem Trieb unter Kontrolle zu bringen, dann wirst du mit allem, was mit Grenzen setzen zu tun hat, keine Probleme mehr bekommen. Manche Ausbildungssysteme und Publikationen würden anders gestaltet sein, wenn sie von Leuten mit Hüteerfahrung gemacht worden wären.

Grundsätzlich sollten wir natürlich immer versuchen, in Situationen, die mit Verboten zu tun haben, proaktiv zu agieren. Das heißt, wir sollten bereits vor oder unmittelbar bei Beginn einer unerwünschten Aktion Einfluss auf den Hund nehmen. Du kennst deinen

Der Kurzhaar-Collie wird auch heute noch für die Arbeit am Vieh eingesetzt. Er ist agiler und temperamentvoller als sein langhaariger Vetter.

Hund hoffentlich gut genug und weißt, wann und in welchen Situationen es Probleme geben könnte. Sprich mit ihm, generiere ein Ablenkungsmanöver oder nimm ihn an die Leine. Hat er sich einmal entschlossen Autos, Fahrradfahrern oder Wild nachzulaufen, dann könnte das Spiel für dich bereits verloren sein. Das „Nein" muss übrigens immer unmittelbar und sofort erteilt werden. Niemals allerdings, wenn er sich schon wieder in einem anderen Modus befindet. Das heißt, wenn er beispielsweise schon wieder vom Auto ablässt und zu dir zurückkommt. Er würde die Schelte mit dem Zurückkommen verbinden. Das wäre dann mit Sicherheit kontraproduktiv.

Im täglichen Umgang mit unseren Hunden sind Konfliktsituationen kaum zu vermeiden. Es ist meiner Meinung nach kein Drama, wenn deinem Liebling, der sich gelegentlich flegelhaft benimmt, schon einmal die Zähne gezeigt werden müssen. Du wirst bei Verhaltenskorrekturen nicht immer und ausnahmslos mit Positivverstärkung zurechtkommen. Auch wenn dies in neueren Publikationen immer wieder angepriesen wird. Planvolles Grenzensetzen ist für vieles deiner Probleme die Lösung!

Abschließend zu dem Thema „Grenzen setzten" möchte ich noch einmal Folgendes betonen: Obwohl dich mit deinem Hund eine besondere Freundschaft verbindet, vergiss bitte die rationale Ebene in dieser Beziehung nicht. Klare und für den Hund gut verständliche Regeln vorgeben und keine Scheu haben, deren Befolgung auch entsprechend durchzusetzen, ist der richtige Weg.

Die Fragestellung Nummer zwei – wie bringe ich dem Hund bei, auf große Entfernung zuverlässig zu arbeiten? – wird mit Sicherheit nicht mit Verbotskommandos zu beantworten sein.

Hier wird primär mit Lob und Motivation gearbeitet. Zwei Begriffe, die aber auch mit „geduldig" und „höflich" ergänzt werden sollten, was leider vielfach vergessen wird. **Geduld ist die Fähigkeit zu warten – und hier ist der Hundeführer gemeint.**

Im Umgang mit unseren Hunden heißt das: Verlange nichts, was er momentan nicht verstehen kann. Plane deine Trainingseinheiten so, dass ein Schritt-für-Schritt-Aufbau erkennbar ist. Viele unserer Trainingsprobleme haben die Ursache, dass Ergebnisse zu schnell erwartet werden. Enttäusche deinen Hund nicht. Nimm ihn so, wie er ist. Jedes Individuum hat seine ganz spezielle Lernfähigkeit und Lerngeschwindigkeit. Mit grobem und forderndem Verhalten wird sich langfristig gesehen kein Erfolg erzielen lassen. Als Ausbilder muss man lernen, mit Frustration umzugehen, ohne selbst aggressiv zu werden. Wenn etwas nicht nach Wunsch verläuft, bitte nicht ärgern. Ärger ist ein Energiefresser. Diese Energie kann nutzbringender für die gründliche Planung der Trainingseinheiten verwendet werden. Sich in Geduld und Beharrlichkeit zu üben, sind Grundvoraussetzungen für eine erfolgreiche Ausbildertätigkeit. Diese Fähigkeiten sorgen auch im zwischenmenschlichen Bereich für Entspannung und fördern die Achtsamkeit gegenüber Mensch, Tier und Umwelt.

Viele Probleme entstehen, wenn Ziele und deren perfekte Ausführung unter Zeitdruck, zu schnell und zu hoch angesetzt werden. Wenn du merkst, dass bei gewissen Ausbildungseinheiten einfach kein weiterer Fortschritt erkennbar ist, dann solltest du zunächst darüber nachdenken, ob du nicht doch zu schnell, zu überstürzt und ohne Feingefühl vorgegangen bist. Wieder ein einfaches Beispiel aus der Hüteausbildung: Du möchtest deinen Hütehund möglichst schnell dazu bringen, auf große Entfernung zu arbeiten. Er läuft auch auf Anhieb problemlos, sagen wir einmal auf eine Entfernung von drei- bis vierhundert Meter, um die Schafe einzusammeln. Das Problem dabei ist aber, dass er ab einer gewissen Entfernung deine Kommandos ignoriert, nicht zu stoppen ist und die Schafe hetzt, so wie es ihm gerade gefällt. **Die Lösung:** Du musst wieder zurück zu den Anfängen deiner Ausbildung. Schick ihn nur so weit, wie du ihn auch sicher mit deinen Kommandos beeinflussen kannst. Die Entfernung wird dann eben erst langsam, Schritt für Schritt, wieder auf größere Distanzen erweitert. Dieses „zurück zu den Anfängen" betrifft natürlich auch alle anderen von Hunden verlangten Leistungen, wenn du merkst, dass du ansonsten die Kontrolle verlieren könntest.

Für manche Trainingseinheiten kann es auch sinnvoll sein, längere Pausen vom Trainingsalltag einzuplanen. Man kann sich besonders bei anspruchsvollen Zielen schnell in eine Sackgasse manövrieren, aus der man so leicht nicht wieder herauskommt. Pausen können Zeiträume von Tagen, aber auch Wochen sein. Diese Erholung von der Trainingsroutine kann helfen, wieder harmonischer zusammenzufinden. Probleme, für die man vorher keine Lösungsansätze finden konnte, können auf einmal wie weggeblasen erscheinen. Hat der Hund – oder auch du – die Pause benutzt, um Lösungsansätze zu erzielen? Für mich ist es immer wieder ein Rätsel, wie nach Pausen, in denen man Abstand gewinnen konnte, so manches Problem auf einmal den Eindruck erweckt, als hätte es sich von selbst erledigt.

Verlange nichts, was der Hund aufgrund seiner rassespezifischen Eigenheiten, seines Körperbaus und seiner Wesensveranlagung nicht leisten kann.

Unsere Hütehunde sollten einen tadellosen Körperbau besitzen, besonders, wenn sie für die Hütearbeit benötigt werden. Da ist zunächst einmal das Gangwerk zu beachten. Als ursprüngliches Laufraubtier soll dieser Hund mit möglichst wenig Kraftaufwand ausdauernd über längere Zeit laufen können. Unsere Bogenläufer sind vielfach in der Rückhand etwas überbaut und somit vor allem für schnelle Spurt-Aktivitäten geeignet. Weite Strecken hinter dem Fahrrad herzulaufen kann also mehr schaden als nützen. Es kann aber durchaus sein, dass dieser Hundetyp besonders für Sportarten sehr gut geeignet ist, die Spurtleistung und Wendigkeit erfordern. Eine ebene oder leicht nach hinten abfallende Rückenlinie ist dann wieder das Markenzeichen unserer Furchengänger. Langstreckenlauf und ausgiebige Wanderungen sind für sie kaum ein Problem. Anatomische Fehlstellungen im Körperbau, sollten bei unseren Zuchthunden in keinster Weise akzeptiert werden. Je weniger unsere Hunde inzwischen als Gebrauchshunde Verwendung finden, desto mehr haben sich diesbezügliche Mängel verbreitet. Viel zu oft wird auf Zuchtschauen erfolgreich versucht, Fehler zu verbergen. Leider auf Kosten der Fitness und Robustheit unserer Hunde.

Die Geringschätzung der Wesensveranlagung ist leider auch beim Umgang mit unseren Hunden vielfach zu beobachten. Die Tatsache, dass besonders sensible Hunde für manche der Anforderungen nicht geeignet sind, dürfte uns allen bekannt sein. Ich möchte aber doch eine Eigenheit hervorheben, die meiner Meinung nach viel zu wenig beachtet wird. Bei einem Rundgang mit einem älteren schottischem Schäfer ist mir aufgefallen, dass sein gut ausgebildeter Hütehund immer relativ weit weg, im Abstand von ca. 4-5 Metern, neben ihm herlief. Als ich ihn darauf ansprach, war sein kurzer Kommentar: **„He needs room", also „er braucht Platz."** Erst da wurde mir bewusst, dass mir so etwas bisher in keiner Weise bei meinen Hunden in den Sinn gekommen war. Was machen wir dagegen schon seit vielen, vielen Generationen mit unseren Hunden? Wir zwingen sie bei Prüfungen, unmittelbar neben uns zu laufen. Wir veranstalten Verhaltensprüfungen, bei denen Hunde in absoluter Nähe zwischen Menschen und anderen, fremden Hunden laufen sollen. Wir sprechen dann von „wesensfest" oder früher sogar von „besonders schneidigen Hunden". Wie abgestumpft und ignorant sind wir eigentlich gegenüber unserem engsten Freund, dem Hund? Wir lieben eben die Kontrolle um jeden Preis und denken dabei noch, dass wir damit etwas Gutes für die Hundezucht bewirken. Wir müssen uns aber nicht wundern, wenn unsere Hütehunde besonders dann, wenn sie in die Mühlen der organisierten Zucht geraten, ziemlich schnell an Führigkeitsqualitäten verlieren. Die alten Schäfer hatten hier vermutlich einen größeren Weitblick, als wir ihn jemals haben werden.

Diese Eigenheit, die ich jetzt einmal als **Individualdistanz** bezeichnen möchte, kannst du übrigens auch bei uns Menschen beobachten. Wir sind eben auch nur Rudeltiere. Da gibt es das Gegenüber, das dir bei einer Unterhaltung so nahe auf den Pelz rückt, dass es richtig unangenehm werden kann. Ein anderer dagegen wird immer darauf bedacht sein, dass du ihm auf keinen Fall zu nahe kommst. Unter den Hunden gibt es übrigens auch denjenigen, der ständig Körperkontakt sucht und dir auf Schritt und Tritt nicht von der Seite weicht. Der dir nahezu immer am Schienbein klebt und bei dem du aufpassen musst, dass du nicht über ihn stolperst. Diesen Hundetyp kannst du auch nicht neben einem Fahrzeug herlaufen lassen. Diese Tiere sind ebenfalls gerne in Reifennähe – aus ihrer Sicht in *deiner* Nähe – und dadurch besonders gefährdet, unter die Räder zu kommen.

Wenn wir dann noch die verschiedentlich angebotenen Wesenstests genauer unter die Lupe nehmen, die oft in seitenlangen Auswertungen abgehandelt werden, dann frage ich mich manchmal schon, ob wir der Angelegenheit damit wirklich gerecht werden. Wo bleibt da unser Instinkt? Wenn wir weiter am Listenabarbeiten festhalten wollen, dann sollten wir auch daran denken, das andere Ende der Leine ebenfalls mit einzubeziehen. Was hilft es, wenn der Hund schussfest ist, aber der Hundeführer nicht? Wie sieht es mit der Abstimmung der Wesenseigenheiten beider Partner aus? Alles Angelegenheiten, die trotz ausufernder Testmethoden häufig nicht berücksichtigt werden.

Wenn du also einen Hund besitzt, der mit Nähe zu anderen Geschöpfen nicht gut zurechtkommt und der bürokratischen Testanforderungen nicht entspricht, dann bitte ich Folgendes zu bedenken: Dein Hund wird für viele Anforderungen ganz besondere Fähigkeiten besitzen. Als Hütegebrauchshund wird er ein außergewöhnlich guter Partner sein. Durch seine Feinsinnigkeit wird er meist mit wenigen Kommandos seine Arbeit verrichten. Er wird die Weidetiere schonend unter Kontrolle halten und selbstständig immer am richtigen Platz sein, eben da, wo er benötigt wird. Als Familienhund wird er meist relativ unauffällig und besonders freundlich agieren. Du musst nur daran denken, dass Nähe zu anderen nicht unbedingt seine Stärke ist. Hast du einmal sein Vertrauen gewonnen, kann er der Partner werden, mit dem du eine besonders innige Verbindung aufbaust!

Die Schleppleine kann bei :was heftigen Hunden eine Hilfestellung bedeuten.

Hast, Hektik, schneller, weiter und mehr haben in unserer Industriegesellschaft eine Eigendynamik entwickelt, der wir auch im Umgang mit unseren Hunden nicht entrinnen können.

Wir haben einen festen Zeitplan, dem wir auch das Zusammensein mit unseren Hunden unterordnen. Beim Gassigehen denken wir vor allem an Auslastung, Unterordnungsübungen und vieles mehr. Kurzum, Mensch und Tier sind immer in Aktion. In diesem Zusammenhang haben wir hoffentlich auch begriffen, dass die Zeit für wichtige Dinge im Leben oftmals zu kurz kommt. Die Konsequenz daraus ist **Entschleunigung, sich Zeit zum Durchatmen nehmen und Ruhe pflegen!** Die meisten unserer Hütehunde sind gezüchtet, um ohne Wenn und Aber ihrem menschlichen Partner zu dienen. Das ist besonders bei der Hütearbeit, aber auch bei anderen Einsätzen wie Fährtensuche, Sportveranstaltungen usw. immer wieder feststellbar. **Wir fordern, sie gehorchen.** Wir alle kennen auch den Hütehund, der unentwegt am Zaun hin- und herläuft, wenn er ohne Aufsicht im Garten alleine gelassen wird. Dann gibt es noch den menschlichen Auslastungsfanatiker, der davon überzeugt ist, dass körperliche Beschäftigung die Lösung für all seine Probleme sein wird. Unsere Aufgabe ist es, die Anforderung nicht zu übertreiben und genügend Freiraum für Ruhe und Müßiggang zu ermöglichen.

Dazu eine Erfahrung aus meiner Hütewettbewerbs-Aktivität. Unser Hund Jaff war relativ erfolgreich. Er hatte aber eine gewisse „Gemütsmensch-Mentalität". Um ihn schneller und beweglicher zu bekommen, habe ich ihn wohl irgendwie mental und körperlich mit meinem Training überfordert. Normalerweise war er zu den Schafen sehr freundlich. Nach meinem Intensivtraining fing er auf einmal an, unkontrolliert in die Schafherde zu stoßen und die Tiere auch zu verletzen. Das war der Zeitpunkt, an dem ich merkte, dass mein Trainingsverhalten ihn überfordert hat. Ein paar Tage gemütliches Hüten, keine Überforderung mehr und er war wieder der Alte – und ein zu allen freundlicher Hund. **Wenn du also das Gefühl hast, dein Hund wird immer launischer und benimmt sich vielleicht auch unnötig aggressiv, dann könnte Entschleunigung die Antwort auf dein Problem sein.**

Überforderung, sei es körperlich oder auch geistig, versetzt den Körper in Alarmbereitschaft. Er schüttet Stresshormone aus. Die Hormonausschüttung ist abhängig von Grad und Dauer der Belastung. Ein zu hoher Cortisolspiegel über einen längeren Zeitraum verursacht körperliche und psychische Stressreaktionen, die sich negativ auf die Gesundheit und das Wohlbefinden deines Hundes auswirken. Die Gefahr, unsere Hunde zu überfordern, kann sehr vielseitig sein. Wir denken an den nächsten Wettkampf und erwarten Perfektion in kürzester Ausbildungszeit. Wir glauben an all die Auslastungsanforderungen, die in vielen Publikationen empfohlen werden, und hetzen unsere Hunde mit allen möglichen Spielarten, bis sie vollkommen ausgepowert sind. Wir wundern uns dann, warum wir den Eindruck haben, dass der Hund immer noch nicht zufrieden mit dem ist, was wir ihm bieten. Im Gegenteil, er wird immer fahriger, fordernder und auch sein Wesen verändert sich, sodass wir langsam das Gefühl haben, dass er sich zu einem Problemhund entwickelt.

Mit möglichen Verhaltensauffälligkeiten, zu denen Hütehunde angeblich besonders neigen, könnte man eine lange Liste zusammenstellen. Hierzu gibt es aber genügend anderweitige Publikationen und Beschreibungen. Ich werde auf dieses Thema deshalb nicht näher eingehen. Um es hier noch einmal zu wiederholen: Unser Ziel ist, dass wir es mit Verständnis und entsprechender Kompetenz gar nicht zu solchen Fehlentwicklungen kommen lassen. In diesem Zusammenhang müssen wir auch wissen, dass Ereignisse, die ohne Druck, Angst oder Zwänge geschehen, ein gutes Gefühl und Freude bewirken und dadurch auch die Bildung von Glückshormonen fördern. Stresshormone sind biochemische Botenstoffe, die sich faktisch positiv auf die Leistungsfähigkeit unserer Hunde auswirken, wenn sie nicht übermäßig ausgeschüttet werden,. **Für uns Menschen wird für den Stressabbau Bewegung, moderater Sport und genügend Erholungsphasen zwischen den Stressbelastungen empfohlen. Wenn wir mit unseren Hunden in ähnlichen Bahnen denken, dann werden wir kaum überforderte, nervöse und reizbare Hunde haben.**

Mit Liebe oder Strenge? Das ist eine Frage, die uns nicht mehr zeitgemäß erscheint. Trotzdem ist sie in dieser Formulierung immer noch gebräuchlich.

Mit Liebe natürlich, würde die Mehrheit von uns antworten. Mir gefällt diese Fragestellung und die gebräuchliche Antwort hierzu trotzdem nicht. Zum einen ist das Bindewort „oder“ hier mit Sicherheit fehl am Platz. Das Wort „Liebe“ wird gerade im Zusammenhang mit Tieren relativ oft verwendet, fast mehr noch als es im zwischenmenschlichen Bereich der Fall ist. Der Duden definiert Liebe als „starkes Gefühl des Hingezogenseins, im Gefühl begründete Zuneigung“. Wie würden die Tiere diese Gefühlsebene wohl definieren? Niemand kann in ein anderes Lebewesen wirklich hineinschauen. Immerhin können wir Menschen Gefühle in Worte fassen. Die Wahrscheinlichkeit, dass es auf der Gefühlsebene unter Tieren ähnlich wie bei uns Menschen zugeht, ist nicht durch einfache Beobachtungen

Der Welpe versucht, seine Beute in Sicherheit zu bringen.

zu beurteilen. Immer mehr Forscher gelangen aber zu der Erkenntnis, dass viele Tierarten in dieser Hinsicht so einiges mit uns gemeinsam haben. Um Tiere aus Unkenntnis über deren Wesen aber nicht allzu sehr zu vermenschlichen, würde ich die obige Fragestellung umformulieren in: **„mit Wertschätzung und Konsequenz"**. Wir sollten meiner Meinung nach auch im Umgang mit unseren Hunden sehr aufpassen, dass ihre Vermenschlichung letztlich nicht doch zu einer Missachtung ihrer Eigenart führt.

Ist es das Bestreben des Hundes, dir aus Liebe oder Aufopferung zu dienen? Das könnte eine Fragestellung sein, die dich beschäftigt. Beispiele, die mir dazu spontan einfallen: Der Hund kommt, drängt dir seine Nähe unaufgefordert geradezu auf und zwingt dich ihn zu streicheln. Er kommt und versucht dich abzuschlecken oder er legt sich anschmiegsam neben dich. Ist das Liebe oder sind es einfach nur geplante Aktionen, um bei dir Aufmerksamkeit zu erzielen? Die Antwort könnte eben auch lauten: Er versucht dir deutlich zu machen, dass nur er derjenige ist, der es wert ist, dir zu dienen. Oder er will dir klarmachen, dass du gefällig das zu tun hast, was er von dir möchte. Also bitte aufpassen und nicht zu blauäugig sein, was vermeintliche Liebesbezeugungen deines Hundes betreffen.

Dass Tiere Angst empfinden können ist uns allen bekannt. Sie können sich sehr lange an etwas erinnern, dass sie als unangenehm empfunden haben. Genau wie bei uns bestimmte negative Ereignisse im Unterbewusstsein gespeichert sind, sind sie es auch bei Tieren. Denken wir nur einmal an die Erlebnisse, die Tiere mit Elektrozäunen machen. Ein Schmerzempfinden, dass bei ihnen lange in Erinnerung bleibt. Angst ist in der Regel eine Stördimension, die es weitgehend zu vermeiden gilt.

Lustbetonte, positive Zuwendung wird dann, im Gegensatz zu Angsterfahrungen, als angenehm in Erinnerung bleiben und eine gute Voraussetzung für Lernfähigkeit und Lernbereitschaft darstellen. Ganz ohne Verbote wird es aber auch im Umgang mit unseren Hunden mit Sicherheit nicht gehen. Die in der Hundewelt inzwischen gebräuchliche Terminologie ist „Konditionierung und positive wie negative Verstärkung". Was wir aber in diesem Zusammenhang immer – wie schon etwas ausführlicher beschrieben – bedenken müssen ist, dass übermäßige Stresssituationen im Umgang mit unseren Hunden soweit wie möglich vermieden werden sollten. Aufgrund von Stress schüttet der Körper Stress-Botenstoffe aus. Dauerstress stört die Balance zwischen Körper und Psyche. Was wir im Gegenteil dazu aber erreichen wollen, **ist eine gewisse Entspanntheit und Zufriedenheit im Umgang mit unseren Hunden.** Es gilt also, Stördimensionen so weit wie möglich zu vermeiden und mit positiven Erfahrungen auf sie einzuwirken. Störend könnte zum Beispiel das Verhalten anderer Hunde während einer Ausbildungsaktion sein. Diese anderen könnten durch lautstarkes Bellen, nur weil sie eben diesmal nicht an der Reihe sind und zuschauen müssen, deine Trainingsarbeit mit einem relativ sensiblen Hund besonders negativ beeinflussen. Einen Trick, den ich von einem erfahrenen Schäfer abkupfern konnte, ist erstens, das Sichtfeld anderer Hunde auf das Trainingsgeschehen unterbinden, und zweitens, das Radio einzuschalten und mit geeigneter Musik in passender Lautstärke für Ablenkung der hundlichen Zuhörer zu sorgen!

Zu der Fragestellung Nrummer drei bezüglich des Belohnungsverhaltens und des Motivationsgeschehens, gibt es eine Reihe von Veröffentlichungen. Futterbelohnung wird im Umgang mit Tieren für alle möglichen Aufgabengebiete sehr häufig verwendet. Futter ist ein primäres Bedürfnis aller Lebewesen. Die Art und Weise, wie bei unseren Hunden vielfach mit der sogenannten „Leckerli-Belohnung" umgegangen wird, ist für mich jedoch ein Grund, näher dazu Stellung zu nehmen.

Für das **angemessene Belohnungsverhalten** gibt es im Umgang mit unseren Hunden bestimmte, teilweise konträr verstandene Ansätze. Dazu sollte man wissen, dass die wichtigsten Mitspieler im Belohnungssystem, körpereigene Drogen, wie die Glückshormone Dopamin, Oxytocin, Serotonin etc. sind. Sie generieren Verlangen und Belohnungserwartung und sind somit wichtige Motivatoren. Diesbezügliche Versuche an Menschen haben aber auch gezeigt, dass z.B. Dopamin auf sehr unterschiedliche Weise wirken kann. So nahm bei jüngeren Probanden die Erwartungshaltung nach Aktivitäten bei steigender Dopamin-Ausschüttung stark zu. Ältere dagegen erleben diese Erwartungen nicht mehr so intensiv wie Jüngere. Generell aber gilt: Verlangen nach und Aussicht auf Belohnung motivieren zum Handeln. **Wird dieses System aber überstrapaziert, so kann es auch zur Sucht werden und tiefes Unbehagen bis hin zu Krankheitsanfälligkeit bewirken.** Der Hormonhaushalt wird gestört und negativ beeinflusst. Hier geht es um ein Motivationssystem, das wir im Umgang mit unseren Hunden auch möglichst sachkundig dosieren und wesensgerecht zur Anwendung bringen müssen. Es muss dich also nicht überraschen, wenn dein durch Belohnung übermotivierter Hund physisch und psychisch geschädigt wird.

Bei Kindern gibt es übrigens die Erkenntnis, dass die schädlichste Form des Lobes ist, sie zur Gehorsamkeit zu manipulieren. Lob lenkt die Aufmerksamkeit weg von der Sache und hin zu einer Reaktion die nicht zielführend ist. Ihnen das Gefühl zu geben, etwas gut gemacht zu haben und eine entsprechende Genugtuung auszustrahlen ist die angebrachte Alternative zu plumpen Lobesäußerungen.

Im Umgang mit Hunden würde das dann bedeuten, dass wir unsere innere Haltung entsprechend trainieren, um ein positives Gefühl zu übermitteln, wenn sie aus unserer Sicht etwas gut gemacht haben. Da reicht schon ein freudiges Nicken oder eine positive Körperhaltung. Vergiss nicht, dass Hunde unsere Gefühle auf Grund unserer Ausstrahlung bestens beurteilen können. Da braucht es keine Leckerlis oder wortreiche Lobeshymnen. **Ich kenne viel Hunde, die in ihrem Leben noch nie eine Futterbelohnung erhalten haben und trotzdem – oder gerade deswegen – sehr angenehme, gelehrige Partner sind.**

Belohnung geht bei Tieren übrigens nicht nur durch den Magen, bzw. über das Futter, wie viele es glauben. Schon eine freundliche Körperhaltung oder einfach die Tatsache, dass du mit ihnen zufrieden bist, kann in der Regel ein für sie angemessenes Signal sein. Bei unseren Vierbeinern kommt hierfür auch der Fachbegriff **positive Verstärkung** zur Anwendung. Wenn Du einem bestimmten Belohnungssystem den Vorzug gibst, dann wird auch von einem **primären Verstärker** gesprochen.

Weil für mich im Umgang mit Tieren vor allem die arteigene Sichtweise im Vordergrund steht, ist meine primäre Fragestellung bei dieser Thematik: Was könnte Belohnung für die Vorfahren unserer Hunde, die Wölfe, eigentlich bedeuten? Was sind für sie die Auslöser und wie gehen sie damit um? Als erstes wird es wohl das Beutegeschehen sein. Jagd, Hetze, Töten und Verzehren könnten die umfangreichsten Auslöser für Erfolgserlebnisse sein. Dann sind es noch die Status- und Territorialrituale, die täglich in geringfügigen Dosierungen zur Anwendung kommen. Ein relativ intensives Ereignis wird dann noch der Arterhaltungstrieb sein, der aber im Gegensatz zu unseren domestizierten Hunden nur saisonal, also im Frühjahr, aktiviert wird. All diese Erfolgserlebnisse der Wölfe scheinen mir zeitlich relativ begrenzt abzulaufen. Sie jagen, töten, fressen, paaren sich und haben dann eine längere Pause, bis wieder ein neues Belohnungsereignis in Frage kommt. Wie du bestimmt schon bemerkt hast, sind das alles Aktionen, die relativ dosiert mit Erfolgserlebnissen einhergehen. Auch sind es Geschehnisse, die man als „selbst belohnend" bezeichnen kann. Gibt es außer diesen Erfolgserlebnissen bei den Wölfen auch ein Belohnungsverhalten, das sie sich gegenseitig zu Gute kommen lassen? Für uns eigentlich schwer vorstellbar. Wir verstehen eben ihre Sprache nicht und können es somit auch nicht beurteilen.

Aus meiner Sicht können wir Menschen die artspezifischen Entsprechungen der menschlichen „Belohnung" bei Tieren schwerlich nachvollziehen. Es stellt sich deshalb die Frage, wie Belohnung von Hunden tatsächlich verstanden wird. Als Belohnungshandlung gibt es aber offensichtlich anderweitige Umgangsformen, deren sich fast alle Tierarten gerne bedienen. Insbesondere sind es

Dieser Aussie-Welpe wird durch Futterbestechung zu einem gewünschten Verhalten gebracht. Für mich in diesem Alter noch eine gangbare Ausbildungshilfe.

deeskalierende Maßnahmen und auch das Setzen von Grenzen, das teilweise sehr streng gehandhabt wird, ist bei fast allen Tiergattungen zu beobachten.

Ein Verhalten, das in gewisser Weise einem Belohnungsritual entsprechen könnte, ist das Begrüßungsritual der Kaniden. Hier ist es meist der Ranghöhere, der den weniger Dominanten eine Annäherung erlaubt. Der Subdominante nähert sich in einer unterwürfigen Körperhaltung oder durch den sogenannten Mundwinkelstoß. Diese Erlaubnis ist dann die Belohnung für diese unterwürfige Annäherung. Der eine sucht die soziale Nähe und der andere belohnt durch soziale Akzeptanz. Die Erkenntnis, die sich aus diesem Verhalten für uns Menschen ableitet, ist folgende: **Du als Ranghöherer erlaubst deinem Hund, eine Leistung für dich zu erbringen. Du befriedigst dadurch sein Verlangen zu dienen. Darüber hinaus braucht es kein Futter oder sonstige ausgefeilte Belohnungssysteme. Aus meiner Erfahrung eine Erkenntnis, die leider viel zu wenig beachtet wird.**

Genau das liegt mir besonders am Herzen. Deshalb noch einmal meine Bitte: Erlaube deinem Hund, wann immer es irgendwie sinnvoll erscheint, dir zu dienen. Du machst ihm eine große Freude damit. Da braucht es keine großen Lobeshymnen, um ihn zu motivieren. Mit zu viel des Lobes störst du nur. Ich erlebe das immer wieder bei Hüteanfängern. Wenn sie es nach einigem Bemühen endlich geschafft haben, einen harmonischen Ablauf im Ausbildungsgeschehen zu generieren, dann kommen diese überschwänglichen Lobesäußerungen. Alles, was zu diesem Zeitpunkt an Konzentration und Harmonie erreicht war, ist durch dieses unpassende Loben verschwunden. Es wird dann wieder einige Zeit dauern, bis die Situation erneut in normale Bahnen gebracht werden kann.

Wie sieht eigentlich das gebräuchliche Belohnungssystem im Zusammenleben mit unseren Hunden aus? Wir Menschen haben uns dafür eine Vielzahl unterschiedlichster Möglichkeiten ausgedacht. Dass die Häufigkeit, mit der belohnt wird, von vielen Hundebesitzern stark übertrieben wird, ist leider auch eine weitverbreitete Erscheinung der heutigen Zeit. Zu viel Belohnung stumpft ab und kann, wie schon beschrieben, durch die Beeinflussung des Hormonhaushalts gesundheitlich negative Folgen haben. Belohnt wird vor allem mit Futter, Spielen, Streicheln, Beutereizen und teilweise auch durch die Einbeziehung technischer Hilfsmittel wie Clicker, Frisbee-Scheiben oder auch akustische Signale. Leider ist dabei auch häufig zu beobachten, dass der Hund den Menschen erzieht und er das Kommando zur Belohnungshandlung erteilt. **Also bitte pass auf und lass dich nicht allzu sehr von deinem Hund erziehen!**

Grundsätzlich ist natürlich gegen Belohnungen für erbrachte Leistungen nichts einzuwenden. Dieses System hat sich doch auch bei uns Menschen bestens bewährt. Wir erwarten, wenn wir täglich zur Arbeit gehen, eine angemessene Belohnung. In unserem Fall eine entsprechende Bezahlung. Das ist die menschliche Sicht der Dinge. Tiere akustisch und durch Futter zu belohnen ist meiner Meinung nach aber vor allem eine menschliche Erfindung. Ich denke, wir sollten deshalb besonders aufpassen, dass wir die artgerechte Behandlung der Tiere auch beim Belohnungsverhalten nicht außer Acht lassen. Trotz dieser Überlegung können wir auch von unseren Hunden nicht erwarten, dass sie eine Leistung ohne unsere Gegenleistung erbringen. Hier stellt sich natürlich die Frage, was eine angemessene Gegenleistung – sprich Belohnung – für den Hund eigentlich ist. Sind es ausschließlich materielle Dinge wie Futter, Spielangebote etc. oder gibt es auch noch andere Erwartungen, die der Hund als Belohnung akzeptiert? Gebräuchliche Gefühlsempfindungen, dass er es für uns aus Liebe, Dankbarkeit oder Pflichtgefühl macht, dürften leider nicht unbedingt der Wirklichkeit entsprechen.

Belohnung wird für ihn schlicht und einfach sein, dass er für seine Leistungen etwas bekommt, das entweder seine angewölften Triebe befriedigt, oder die Erfahrung, dass ein angenehmes Ereignis die Folge seines Handelns ist. In der Regel reicht dem Hund die Erkenntnis, dass wir auf bestimmte von ihm vollbrachte Leistungen positiv reagieren. Dazu braucht es nicht extra viele Worte und Gesten. Dein Hund kennt dich und kann deine Stimmung mit Sicherheit bestens einschätzen.

Im Gegensatz hierzu gab und gibt es aber immer noch Erziehungsmethoden, die aus reinem Dominanzverständnis abgeleitet werden. Der Alpha befiehlt und der Untergebene gehorcht. Diese Einstellung basiert auf der Annahme, dass vor allem die Dominanz des Hundeführers der Motor für Gehorsamkeit ist. In der Fachwelt wird diese Einstellung vor allem mit Zwang und Strafe in Verbindung gebracht. Das bedeutet eine Hundehaltung, die mit negativer Verstärkung belegt ist. Durch negative Einwirkungen werden Handlungen erzwungen, die freiwillig nicht erbracht werden. Aus Furcht vor einer Bestrafung wird die nicht gewollte Handlung, die dann meist weniger unangenehm ist als die zu erwartende Strafe, ausgeführt. Zwang und unangemessene Strenge werden sich ungünstig auf die Lernbereitschaft auswirken. Im ungünstigsten Fall reagieren Hunde mit aggressiven Ausgleichshandlungen, die dafür sorgen sollen, der inneren Spannung Luft zu verschaffen.

Zusammenfassend zu den momentan gebräuchlichen Belohnungssystemen möchte ich nochmals auf die Wirkungen, die damit verbunden sind, hinweisen. Bei jeder Art von Belohnung wird ein Hormonsystem aktiviert, das mehr schaden als nutzen kann. Ein Ausbleiben der Belohnung kann bei überbelohnten Hunden sogar als Bestrafung verstanden werden. Besonders dann, wenn es überstrapaziert wird. Gegen eine moderate und sinnvolle, auf Erfolgserlebnisse aufbauende Belohnung ist dagegen nichts einzuwenden, wobei das primäre Belohnen für deinen Hund das Zeigen deiner Zufriedenheit mit seinen Leistungen sein sollte.

Wenn wir mit Futter in der Erziehung und im Umgang mit Tieren arbeiten, dann gilt es zunächst einmal zwischen Bestechung und Belohnung zu unterscheiden.

Bestechung findet unabhängig vom Verhalten statt. Sie geschieht vor dem gewünschten Verhalten. Belohnung ist eine Konsequenz und, wenn sie richtig verwendet wird, verstärkt sie ein von uns gewünschtes Verhalten. Wir sprechen dann von der Verstärkung des Verhaltens.

Bestechung mit Futter ist auch für meine Hundehaltung eine gängige Methode, um ein Ziel zu erreichen. So werden Welpen mit einem besonders schmackhaftem Futterangebot wieder dazu gebracht, zu ihrem Ruheplatz zu kommen. Auch Junghunde haben Phasen, in denen sie eine Komm-Aufforderung gerne ignorieren möchten. Ein leckerer Happen Fleisch oder ein gekochtes Ei an einer bestimmten Stelle platziert, und schon wird es ihnen leichter fallen, sich dort hinzubewegen. Auch eine Handbewegung in Verbindung mit einer Futter-Duftnote kann helfen, eine Ausbildungseinheit einzuleiten. Duftnoten zu legen ist auch im Hundeverhalten durchaus üblich. Die läufige Hündin wird die Rüden damit auf sich aufmerksam machen. Das Rudel kann aus Duftnoten aus der Umgebung entsprechende Informationen ableiten.

Belohnung mit Futter ist dann schon eine ganz andere Dimension. Mir ist in der Hundewelt kein Verhalten bekannt, mit dem ein Rudelmitglied ein anderes mit Futter belohnt. Die Welpen werden zwar mit hervorgewürgtem Futter versorgt, wenn die Milchmahlzeit nicht mehr ausreichend ist. Von Wölfen wird auch berichtet, dass sie Beutestücke anderen Rudelgefährten unter gewissen Umständen zutragen. Das ist aber kein Belohnungsverhalten, sondern dient vor allem der Arterhaltung. Anderen etwas zu überlassen, nachdem man selbst satt ist, ist auch unter Hunden durchaus üblich. Mit Futter zu belohnen ist also wieder so eine Eigenheit, die wir Menschen uns ausgedacht haben. Ich frage mich aber, was ein Hund von uns denken wird, wenn wir ihm aus der Position des Ranghöheren Futter aus der Hand verabreichen. Aus meiner Sicht kann das nur eine gravierende Unsicherheit für den Hund bedeuten. Ein Ranghöherer drängt ihm Futter geradezu auf. Er behandelt ihn wie einen Welpen und versorgt ihn mit Futter. Kurzum: Verabreichung von Futter, sprich Leckerli, ist bei meinen Hunden strikt verboten. Für mich wäre das geradezu eine Beleidigung ihres Naturells, also ihrer Wesensart! Mir ist natürlich auch bekannt, dass unsere Enkel, dem allgemeinen Trend folgend, schon gelegentlich heimlich mit Leckerlis arbeiten. Ich bilde mir dann auch ein, dass der involvierte Hund sich daraufhin irgendwie anders benimmt. Er wirkt fordernder und zeigt eine gewisse Aufdringlichkeit, was die Futtererwartung betrifft. Mir ist übrigens kein Berufsschäfer bekannt, der mit Leckerli-Erziehung arbeitet.

Manipulatives Belohnen und Loben wird übrigens inzwischen von Fachleuten auch in der Kindererziehung zunehmend kritisch betrachtet. Ich denke, dass sich auch in der Hundeerziehung in Zukunft diesbezüglich einige neue Erkenntnisse ergeben werden.

Wenn du trotzdem anderer Ansicht bist und Leckerlis die Erziehungsmethode deiner Wahl sind, dann vermeide bitte trotzdem dieses im Sekundentakt Verabreichen von Belohnungsfutter. Du schädigst das Hormonsystem deines Hundes und erziehst ihn zum Futter-Junkie. Wie schon erwähnt: Übermäßiges Loben produziert Glücksbotenstoffe, die ab einer gewissen Dosis toxisch wirken. Physische und psychische Schäden sind damit programmiert. Es wird von Hunden berichtet, die aufgrund von ständiger Futterbelohnung eine normale Mahlzeit nicht mehr vertragen können und diese meistens wieder erbrechen. Die Futter-Belohnungsmethode kann übrigens beim **Denker** zu den skurrilsten Verhaltensweisen führen. Hierzu fällt mit ein Beispiel aus der Pferdehaltung ein, das auch auf ein mögliches Hundeverhalten übertragbar ist. Das Pferd verlässt den Stall nicht, ohne eine Möhre oder etwas Zucker zu bekommen. Und das, obwohl es dringend gerne auf die saftige Wiese möchte. Es hilft kein freundliches Zureden und auch keine Strafandrohung. Erst wenn das Leckerli verabreicht wird, ist es wieder kooperationsbereit.

Ein gangbarer Weg, mit Futter zu arbeiten, ist – wie oben schon erwähnt – die Futter-Bestechungsmethode. Du verleitest deinen Hund mit Hilfe von Futter dazu, eine gewünschte Handlung einzuleiten. Nach der Ausführung wird aber nicht weiter mit Futter belohnt. Jetzt belohnst du mit deiner Freundlichkeit. Du gibst ihm das Gefühl, etwas für dich getan zu haben. Du befriedigst sein Bedürfnis, den „Willen zu gefallen". Das ist natürlich nur erfolgreich, wenn du als ranghöheres Rudelmitglied anerkannt bist. Kurzfristige Futterbelohnung – sozusagen als Zwischenlösung verstanden – kann aber auch im Vergleich zu anderen Belohnungsarten einen gewissen Vorteil bedeuten. Wenn du ganz gezielt und sehr wohldosiert arbeitest, dann kannst du die Erregungsintensität mit Futter auf ein Minimum beschränken. Andere Verstärker, wie Spielen oder Beuteerlebnisse, sind dann vielfach zu heftig für bestimmte Hundetypen.

Trotzdem mein Rat: Wenn du dich zum erfahrenen „Hundeflüsterer" entwickeln möchtest, dann sollte Futterbelohnung die absolute Ausnahme bedeuten. Deine Führungsqualitäten

werden mit Sicherheit auch andere Wege finden, um deinem Hund das Gefühl zu geben, gelobt zu werden.

Lob und Tadel sind meiner Meinung nach ein vielfach überstrapaziertes Manipulationsgeschehen, das besonders bei unseren intelligenten Hütehunden nicht unbedingt positiv wahrgenommen wird. Du solltest dich lieber des Öfteren fragen, ob es nicht auch andere Methoden gibt, um deinem Hund das Gefühl zu vermitteln, dass er etwas Gutes gemacht hat. Vergiss bitte nicht – er will dir dienen und möchte dir damit gefallen. Also noch einmal: Lob, Tadel und Auslastung bitte nicht übertreiben. Dieses Wissen und entsprechendes Handeln könnte ein bedeutender Lösungsansatz für manche Probleme mit deinem Hund sein! Planlose Futterbelohnung ist aus meiner Sicht äußerst bedenklich. Damit wirst du keine bessere Bindung zu deinem Hund erreichen. Im Gegenteil, sie wird in der Regel eine Verunsicherung im Hinblick auf deine Führungsfähigkeit in den Augen deines Hundes zur Folge haben.

Als Fazit zum Umgang mit unseren Hunden möchte ich noch einmal die Bedeutung der hormonellen Botenstoffe besonders eindringlich in Erinnerung bringen. Unsere Hütehunde sind in der Regel mit einem sehr schnellen Reaktionsvermögen ausgestattet. Analog dazu werden auch Reize im Gehirn sehr schnell über die Blutbahn in verschiedene Bereiche des Körpers weitergeleitet. Beim Umgang mit unseren Hunden denke ich dabei besonders an ausufernde Bemühungen zur Auslastung und an ein überbordendes Lobesverhalten. Er wird sozusagen süchtig danach werden. Der Leckerli-Junkie ist meiner Meinung nach ein offensichtliches Ergebnis vieler der heute angepriesenen Ausbildungs- und Problemlösungsmethoden.

In den nächsten Kapiteln werden einige Wiederholungen von bereits behandelten Themen zu finden sein. Aus Gründen der Vollständigkeit und Verständlichkeit ist es meiner Meinung nach angebracht, einige Gesichtspunkte, dem jeweiligen Thema entsprechend, als Wiederholung in Erinnerung zu bringen. Es sind eben immer wieder Kenntnis und Beachtung von hundlichen Anforderungen, die eine harmonische Beziehung zu unseren Hunden gewährleisten. Eine Thematik, die von uns Menschen durch respektvolle und souveräne Führung dem Hund gegenüber, übermittelt werden muss.

Ein etwas größeres, fest eingezäuntes Rundel wird bei ersten Trainingseinheiten gerne verwendet.

Umgang unter Berücksichtigung der Eigenheiten

Umgang unter Berücksichtigung der Eigenheiten unserer Hütehunde hat vor allem mit den Aufgabengebieten zu tun, für die sie gezüchtet wurden. Die feinfühligen Bogenläufer werden mit Sicherheit anders auf deine Einwirkungen reagieren als die selbstbewussten Treibhunde. Außerdem musst du dann natürlich auch die unterschiedlich ausgeprägten Wesensmerkmale beachten. Lernfähigkeit und selbst das Spielverhalten sind individuell und auch rassebedingt. Auch die Lenk- und Formbarkeit ist wiederum stark von der genetischen Disposition der unterschiedlich veranlagten Hütehunde abhängig.

Das Lernverhalten unserer Hunde hat wieder etwas mit der domestikationsbedingten Fetalisation zu tun.

Das heißt, jugendliche Merkmale werden beim erwachsenen Hund beibehalten und ersetzen ursprüngliche Adultmerkmale. Das bedeutet, je infantiler und frühkindlicher unsere Hunde im Vergleich zum Wolf sind, umso unselbstständiger wird auch ihr Verhalten sein. Sie werden somit auch zugänglicher für unsere Ausbildungsbemühungen sein. Gelehrige Hunde sind dementsprechend auch immer infantile Hunde. Das ist die gängige Meinung der Wissenschaft. Wie aber sieht diese Erkenntnis hinsichtlich unserer Hütehunde aus? Dass dies nicht für alle Hütehunde zutrifft, ist eigentlich offensichtlich. Sowohl Hüte- als auch Jagdhunde zeigen relativ viele der ursprünglichen wölfischen Verhaltensmuster in Verbindung mit ihrer Gebrauchshundeeignung. Dass Hüten, Jagen, Treiben und Bewachen durchaus stark mit dem Verhalten der Wölfe übereinstimmt, ist uns allen bekannt. Warum können also einige unserer Hütehunderassen trotzdem als besonders gelehrig und lernfähig bezeichnet werden? Eine Erkenntnis, die eigentlich im Gegensatz zu der angeblich besonderen Lernbereitschaft der infantilen Hunde steht.

Hier sollten wir doch einmal das Thema „Intelligenz" unserer **Denker** ansprechen. Intelligenz in Verbindung mit Tieren wird vielfach grundsätzlich sehr kritisch gesehen. Die Fähigkeit, Zusammenhänge zu erkennen und Probleme zu lösen, wird den Tieren in der Regel nicht zugesprochen. Wenn wir aber an unsere Hütehunde denken, die auch in großer Entfernung zum „Auftraggeber Mensch" relativ sinnvolle Entscheidungen selbstständig treffen können, dann wird klar, dass Intelligenz dem Hund durchaus zu eigen ist. Des Rätsels Lösung ist bei unseren Hütehunden relativ einfach. Es ist das Ergebnis einer über viele Generationen praktizierten Zuchtarbeit. Um diese besondere Intelligenz, Lernbereitschaft

Das Warten bei geöffneten Kofferraum ist eine ganz wichtige Ausbildungsangelegenheit.

und Lernfähigkeit weiterhin zu erhalten, müssen wir natürlich auch künftig züchterisch sinnvoll tätig sein. Damit diese außergewöhnlichen Fähigkeiten unserer Hütehunde auch in Zukunft in ihrer Genetik erhalten bleiben, muss der Gebrauchshundeaspekt im Zuchtgeschehen absolut vorrangig behandelt werden. **Der bedingungslose Wille unserer Hütehunde, zu dienen und zu gefallen, kann meiner Meinung nach nur durch das Zusammenspiel von Mensch und Hund über die Hütetätigkeit genetisch gefestigt werden.**

Auf Einzelheiten der Lerntheorie bei Hunden möchte ich hier nicht weiter eingehen. Wenn du mehr darüber wissen möchtest, dann gibt das Internet unter „Lernverhalten bei Hunden" einen umfassenden theoretischen Einblick in dieses Fachgebiet. Wenn du dann noch die Möglichkeit hast, dieses Wissen auch praktisch umzusetzen, dann wird auch für dich und deinen Hund der Lernerfolg nicht ausbleiben. Wenn es einmal nicht so gut läuft, dann gibt es relativ gute Hundeschulen. Auch Kontakte mit anderen erfahrenen Hundebesitzern sollten immer willkommen sein. **Eines dürfen wir aber auf keinen Fall vergessen: „Hund und Mensch" lernen nie aus.**

In letzter Zeit wird gerne die romantische Vorstellung propagiert, dass Hundeerziehung völlig zwanglos zu gestalten ist. Dazu sollten wir uns erst einmal im Klaren sein, was Zwang in der Hundeerziehung überhaupt bedeutet. Schon wenn ich dem Hund eine Leine anlege, wird Zwang ausgeübt. Er kann damit nicht mehr frei entscheiden, wohin er gehen möchte. Wenn ich ihn abrufe, obwohl er andere Vorhaben im Sinn hat, wird dabei ebenfalls ein gewisses Maß an Zwang notwendig sein. Zwanglose Hundeerziehung ist sicher wünschenswert, aber leider in der Praxis nicht immer zielführend. Konstruktiv Grenzen setzen und – wenn nötig – auch schon einmal einer Auseinandersetzung nicht aus dem Weg gehen, sind hier meist die Schlüssel zum Erfolg. In der Regel werden wir durch positive Motivation die Bereitschaft zum Lernen fördern. Im Ausnahmefall kann aber auch ein gewisses Dominanzgebaren notwendig werden, um in bestimmten Situationen die Kontrolle nicht zu verlieren. Denken wir nur an den total übermotivierten Heißsporn, der in gewissen Situationen einfach nicht zu bremsen ist. Grenzen setzen und gegebenenfalls die „Zähne zeigen" kann durchaus gelegentlich deine Aufgabe sein, um Schaden an Dritten zu vermeiden.

Für die Erziehung eines Hundes ist es nie zu spät. Sie lernen ein Leben lang. Bei älteren HH dauert es meist etwas länger, besonders dann, wenn Fehlverknüpfungen dauerhaft abgewöhnt werden müssen. Eines dürfen wir aber auf keinen Fall vergessen: Hunde suchen und brauchen engen Kontakt zu Rudelgefährten – das können ersatzweise auch Menschen sein – und das ein Leben lang. Werden wir diesem Bedürfnis nicht gerecht, kommt es unweigerlich zu Problemen, die sich auch durch beste Trainingsmethoden nicht korrigieren lassen.

Spielen wird nach unserem menschlichen Verständnis als Ausübung bestimmter Verhaltensweisen ohne erkennbaren Ernstbezug angesehen.

Spielen verstehen wir Menschen häufig als reine „Spaßaktivität". Manche setzen das Spiel auch als Überbrückung von Langeweile ein. Wir wissen aber auch, dass Spielen im Zusammenhang mit Erkundungs- und Neugierverhalten für eine normale Verhaltensentwicklung unerlässlich ist. Ich möchte hier sogar noch einen Schritt weitergehen und Spielen als eines der wichtigsten Arterhaltungskomponenten definieren. Das betrifft uns Menschen genauso wie die meisten unserer Tiere.

Beim Spielen lernen Hunde, ihre soziale Kontaktfähigkeit zu erweitern und motorische Fähigkeiten zu üben. In einem Rudel kann man beobachten, dass Welpen vor allem von den älteren Hunden zu gewissen spielerischen Aktivitäten animiert werden. Da kann es sein, dass dem Welpen ein Beutestück von einem älteren Hund gebracht wird, das er ihm dann durch spielerische Einwirkung wieder abnehmen wird. Auch Welpen und Junghunde spielen oft und intensiv miteinander.

Das Spielverhalten der erwachsenen Hunde innerhalb eines Rudels dient vorrangig der Stabilisierung der sozialen Struktur. Erwachsene Hunde spielen eher selten. Bei ihnen ist es oft das sexuelle Interesse an einem Partner, das dann im Übersprung zu einem Spiel wird. Meist sind es Laufspiele, bei denen sie einander nachlaufen, sich anrempeln und aneinander hochspringen. Das Spiel der erwachsenen Hunde ist meist wenig aggressiv. Zwischendurch demonstrieren die Ranghöheren ihren Status dabei durch Imponiergehabe. Hunde mit geringerem Status reagieren dann entweder mit einer weiteren Spielaufforderung oder auch mit einer aktiven Unterwerfungsgeste. Treten bei älteren Tieren des Öfteren aggressive Tendenzen im Spiel auf, dann wird Spielen auch bei der Austragung sozialer Konflikte eingesetzt. Im Spiel werden Kräfte gemessen und die Möglichkeiten ausgelotet, den eigenen Status zu verbessern. Spielen unter Hunden hat also mehrere wichtige Funktionen und ist Teil der Kommunikation mit Artgenossen.

Wenn du also mit deinem Hund spielen möchtest, dann musst du beachten, dass der erwachsene Hund das Spiel vor allem als Statusritual betrachtet. Bei Welpen und Junghunden dient das Spielen dagegen mehr der Vorbereitung auf ihr späteres Leben. Für sie wird durch das Spielen der Grundstein für ihr Erwachsenenleben gelegt indem sie lernen, wie sie im Rudel gut miteinander auskommen und auch im späteren Jagdgeschehen erfolgreich für das Rudel agieren können. Beim erwachsenen Hund kommt aber, wie auch beim Lernverhalten, wieder der **Fetalisationsgrad** deines Hundes zum Tragen. Wenn du also das Gefühl hast, dein Hund benimmt sich im Vergleich zu anderen Hunden immer noch relativ infantil, dann kann dein Spiel auch dementsprechend gestaltet werden. Salopp könnte man diesen Hundetyp auch als „kindsköpfig"bezeichnen. Mit ihm kannst du raufen, zerren und ihm nachjagen, was Welpen und infantile Hunde eben so miteinander machen, ohne dass du an diese leidigen Statusrituale denken musst. Du kannst also wenig falsch machen, solange du die Erregungslage deines Hundes nicht zu sehr aktivierst. Der Fetalisationsgrad ist teilweise rassebedingt, kann aber auch innerhalb einer Rasse mehr oder weniger stark ausgeprägt sein.

Anders dagegen sieht es bei den meisten unserer hochspezialisierten, erwachsenen Hütehunde aus. Deren Verhalten ist im Vergleich zu dem des Wolfes weniger degeneriert, als es bei anderen Hunderassen teilweise der Fall ist. Die meisten unserer Hütehunde werden dich anhand deiner Spielgestaltung genau beobachten und daraus ihre Schlüsse ziehen. Bitte vergiss nicht, dass du für sie ein übergeordnetes Rudelmitglied sein solltest. Bei all deinen Unternehmungen wirst du gewisse Zeichen geben. Ob dir das bewusst ist oder nicht – dein Hund wird dich immer und bei jeder Gelegenheit entsprechend deines Verhaltens in der Rangfolge einordnen. **Fatal für den Hund und für deine Beziehung zu ihm ist es, wenn er zu viele widersprüchliche Signale von dir bekommt. Dies ist aus meiner Sicht eine der Ursachen, die Hunde zu Problemhunden werden lässt.**

Was solltest du beim Spiel hinsichtlich dieser Statusrituale also grundsätzlich beachten? Als erstes stellt sich die Frage: Warum spielen wir eigentlich mit unseren Hunden? Spielen fördert die Bindung zueinander, ist Teil der Auslastungsstrategie und ein Garant dafür, dass wir gut mit unseren Hunden auskommen. Spielen bedeutet natürlich auch eine gewisse Abwechslung vom Alltagstrott. **Gelegentlich könnte das Spielen mit deinem Hund für dein Wohlbefinden wichtiger sein, als es für den Hund ist.** Solange du diese Spielaktionen nicht übertreibst und sie hundegerecht gehandhabt werden, ist dagegen nichts einzuwenden. Fast alle jugendlichen Säugetiere spielen relativ intensiv miteinander. Obwohl dies mit dem Älterwerden in der Regel auch weniger wird, wird Spielen trotzdem noch einen Teil des Zusammenlebens ausmachen.

Bedenklich wird es vor allem, wenn der menschliche Bewegungsfanatiker die Auslastungsspiele in die Tat umsetzt. Spielen kann durchaus mit Ausdauertraining in Verbindung gebracht

Das Leckerchen in der Hand kann im Umgang mit Hunden durchaus kontraproduktiv sein.

werden. Körperliche Leistungsfähigkeit wird durch gezieltes Konditionstraining erheblich gesteigert. Körperliche Fitness hilft generell, dass der Hund länger konzentriert aufnahme- und arbeitsfähig ist. Hier aber kommt wieder der Hormonhaushalt ins Spiel. Das stupide Werfen von Gegenständen, ohne dass dabei an klar definierte Vorgaben gedacht wird, ist mit Sicherheit kein sinnvolles Ausdauertraining. Durch unbedachtes Hetzen mit Beuteobjekten werden Stresshormone, also biochemische Botenstoffe, produziert. Durch die Ausschüttung von Stresshormonen kommt es zunächst einmal zu einer Steigerung der Leistungsfähigkeit. Wird dieses System aber überstrapaziert, dann wird es für unserer Hunde auch erhebliche Schäden mit sich bringen. Es kann zu einer Art von Suchtverhalten bis hin zu lang anhaltenden körperlichen und psychischen Beschwerden führen. In diesem Zusammenhang hat man zum Beispiel auch bei uns Menschen den Begriff **Sportsucht** geprägt.

Kampf und Zerrspiele werden vielfach als besonders anregend für Mensch und Hund verstanden. Für manche unserer mehr zurückhaltenden Hütehunde können gewisse Spielvarianten durchaus in der Lage sein, ihr Selbstvertrauen zu stärken. Wenn wir aber das mögliche Folgeverhalten dieser speziellen Lernerfahrung bedenken, dann sollten wir etwas vorsichtiger damit umgehen. **Zum einen werden wir das Erregungsverhalten unnötig aktivieren, was wiederum die Stresshormon-Ausschüttung begünstigt. Zum anderen kann spielerisches Raufen bei manchen unserer Hunde auch die Hemmschwelle für ernsthafte Auseinandersetzungen herabsetzen.** Bei unseren erwachsenen Hunden hat das Spielen – im Gegensatz zu den Welpen – in der Regel einen Ernstbezug. Spiel wird teilweise als strategisches Element für die Austragung sozialer Konflikte in der Gruppe eingesetzt. Spielerisch werden Kräfte gemessen und Möglichkeiten ausgelotet, den eigenen sozialen Status zu verbessern. Wenn du also unbedingt Kampf- und Zerrspiele mit deinem Hund veranstalten willst, dann vergiss nicht, an deine Alphastellung zu denken. Du bestimmst die Regeln! Zeitpunkt, Intensität und Dominanzgeschehen sind alleine deine Entscheidungen.

Hunde haben in der Regel eine ausgeprägte Beißhemmung. Ohne diese Hemmung würden sich bereits die Welpen gegenseitig verletzen. Ein geregeltes soziales Verhalten im Rudel wäre nicht möglich. Jung- und Erwachsenenhunde würden sich dann hemmungslos bekämpfen und wir könnten ohne entsprechende Vorsichtsmaßnahmen mit ihnen nicht mehr unter Menschen gehen. Ein Szenario, das uns aus so manchen Negativberichten über Hunde leider immer wieder vor Augen geführt wird. Es gibt eben auch Hunde, die eine relativ hohe natürliche Schärfe in ihrer Genetik verankert haben. Manche Hunderassen werden auch speziell auf diese Schärfe hin gezüchtet. Leider kann dieses Problem bei gewissen Hunden auch die Folge einer schlechten Sozialisierung des Welpen und Junghundes mit Menschen sein.

Mit deinen Balg- und Zerrspielen hast du dem Hund natürlich die Möglichkeit aufgezeigt, seine Kräfte auch mit Menschen zu messen. Diese Erfahrung kann sich unter Umständen zu einem Alptraum entwickeln. Gesetzt den Fall, Kinder oder auch Erwachsene spielen ausgelassen mit deinem normaler-

Diesem netten, hübschen Katalanischen Schäferhundwelpen sieht man in diesem Alter noch nicht an, dass er ein äußerst robuster Hütehund werden kann.

weise als besonders freundlich bekannten Hund. Aus auf den ersten Blick unerklärlichen Gründen kann dieses Spiel für deinen Hund: aber plötzlich ernst werden. Wenn er sich dann für den Einsatz seiner Zähne entscheidet, den du ihm durch dein Spielverhalten ja indirekt angelernt hast, dann bleibt nur zu hoffen, dass der Schaden nicht zu tragisch sein wird. Wir dürfen auch bei unseren Hütehunden auf keinen Fall vergessen, dass in den meisten von ihnen ein mehr oder weniger ausgeprägtes Schutzverhalten vorhanden ist. Von Kampf und Zerrspielen würde ich für die meisten unserer Hütehunde abraten. Besonders dann, wenn dein Hund bereits Probleme zeigte, was den Einsatz seiner Zähne betrifft. Du solltest dir dann doch besser Gedanken machen, wie du sinnvoller mit ihm spielen könntest.

Das Spielverhalten wird natürlich auch durch die Wesensveranlagung von Hund und Hundeführer bestimmt. Von beiden Seiten wird ein gewisses taktisches Kalkül mit in die Waagschale geworfen. Der Mensch will durch Spielen sein Verhältnis zum Hund optimieren. Der Hund wird dabei aber auch versuchen, den Menschen nach seinen Vorstellungen zu manipulieren. Der Denker wird dabei nichts unversucht lassen, um das Spiel doch noch nach seinen Wünschen zu gestalten. Er wird dir unaufgefordert Spielgegenstände vor die Füße legen, um dich zum Spielen zu ermutigen. Er wird bei all deinen Spielaktivitäten versuchen, sie nach seinem Willen zu manipulieren. Der Macher wird dir immer das Gefühl geben, dass es für ihn nicht genug war. Er wird versuchen, dich zu überzeugen, dass er wesentlich mehr Auslastungsaktivitäten für sein Wohlbefinden benötigt. Der Sensible wird durch seine unterwürfige Körperhaltung deine Zustimmung zu seinem Spielverlangen erwirken. Er wird versuchen, an dein Gewissen zu appellieren und dir vermitteln, dass er eigentlich viel öfter mit dir spielen möchte.

Also bitte auch hier aufpassen, dass du dich nicht unnötig von deinem Hund manipulieren lässt. Manipulation ist eine gängige, weitverbreitete Waffe. Gewinnen wird der, der sie am geschicktesten einsetzt. Das ist bei den Hunden nicht anders als bei uns Menschen. Spielen hat auch ein gewisses Suchtpotenzial – sowohl für den Hund als auch für den Menschen. Im Extremfall sind dann alle Mittel willkommen, um mehr davon zu bekommen.

Wenn du Spielen vor allem mit Konditionstraining in Verbindung bringen möchtest, dann wird sich das Werfen und Apportieren von Gegenständen nicht vermeiden lassen. Solange diese Übungen auch in Verbindung mit vernünftigen Aufgabenstellungen stehen, können sie durchaus sinnvoll gestaltet werden. Soll Spielen dagegen mehr der Entspannung dienen, dann gibt es viele andere, ruhiger verlaufende Aktivitäten. Da ist zum einen der außerordentliche Geruchssinn unserer Hunde, den wir in unserer Spielaktionen einbauen können. Hunde sind als Geruchsdetektoren bekannt. Beute verstecken, suchen und bringen lassen kann in vielerlei verschiedenen Variationen durchgeführt werden. Auch Fährtensuche in Verbindung mit unterschiedlichen Zielobjekten kann eine tiefe Befriedigung und ein gutes Auslastungsgefühl für deinen Hund bedeuten. Für das Erlernen einfacher Kunststücke gibt es Übungen, die ohne Stress und Hektik zu bewältigen sind. Grundsätzlich ist natürlich vieles möglich und der Kreativität der Spielgestaltung sind eigentlich keine Grenzen gesetzt. Das heißt aber auch, dass Spielen mit deinem Hund für beide Seiten Spaß bedeuten soll. Du bist dafür verantwortlich, dass durch unzweckmäßige Spielgestaltung nicht die Saat für ein Problemverhältnis geschaffen wird.

Das Freilaufverhalten ist eine Umgangserfahrung, die unseren Hunden auf keinen Fall vorenthalten werden darf.

Nichts bietet mehr an Verhaltenserfahrung, als die Begegnung mit anderen Hunden und mit verschiedenen Umweltreizen. Sich frei in der Natur zu bewegen ist eigentlich die Urform, in der sich Lebewesen der verschiedensten Arten entwickelt haben. Wenn wir dann von „artgerecht" sprechen, dann heißt das auch Leben und Lernen mit Geschöpfen der gleichen Art.

Durch die immer weiter wachsende Anzahl an Menschen auf unserem Planeten gibt es mancherorts erhebliche Einschränkungen, die schlicht mit dem verfügbaren Platz zu tun haben. Bei unseren Hunden denke ich da natürlich an beengte Wohnverhältnisse, Leinenzwang und verschiedenste Auflagen bezüglich der Bewegungsfreiheit, besonders in Wohngebieten. Die Zeit, in der die Hunde in lockerer Bindung zum Menschen, teils herrenlos, als Straßenköter ihr Leben fristeten, ist in unseren Breiten längst vorbei. Unsere Regelwerke beeinflussen den Umgang mit Tieren in vielerlei Hinsicht. Obwohl der Tierschutzgedanke dabei natürlich im Vordergrund steht, unterliegt das Freilaufverhalten der Tierwelt meist besonderen Einschränkungen. Für die meisten der domestizierten Tiere wird ein Mindestmaß an Platzbedarf gesetzlich vorgeschrieben. In einigen Ländern gibt es inzwischen für Hunde auch Zeitvorgaben, nach denen sie sich im Freien aufhalten sollen. Für das Wohlergehen unser Hunde ist aber vor allem wichtig, dass sie freilaufend anderen Artgenossen begegnen können. Nur so ermöglicht man ihnen, ihr natürliches Verhalten auszuleben. Durch die Begegnung und das Spiel mit verschiedenen Hunden ergeben sich beste Möglichkeiten, das Sozialverhalten ihrer Artgenossen zu erlernen. Durch diese Erfahrungen werden sie gegenüber anderen Hunden verträglicher und sicherer. Das funktioniert allerdings nur, wenn auch wir uns richtig verhalten. Wie wir wissen, reagieren Hunde auf unsere Empfindungen äußerst sensibel. Zeigen wir Angst, wenn wir Hunden begegnen, dann wird unser vierbeiniger Begleiter ebenfalls unsicher und nervös. Also bewahre Ruhe und gewähre im Normalfall den Hunden die Möglichkeit, sich selbst miteinander bekanntzumachen.

Das Gassigehen mit Hunden hat in der Regel auch für uns Hundebesitzer den Vorteil, dass wir viel schneller in Kontakt mit anderen Menschen kom-

Streicheln bewirkt die Ausschüttung von Glücksbodenstoffen von Mensch und Tier. Es verringert Ängste und Stress und fördert das Bindungsverhalten.

men, als wenn wir alleine spazieren gehen. Gibt es etwas Schöneres als einen ungezwungenen Spaziergang mit deinem Hund in freier Natur? Ihr werdet zusammen so einiges erleben. Bereits die verschiedenen Jahres- und Tageszeiten bringen einen speziellen Reiz für Mensch und Hund mit sich. Das solltest auch du dir zusammen mit deinem Hund nicht entgehen lassen! Außerdem: Freilaufende Hunde beobachten, ihre Eigenheiten bewusst wahrnehmen und dabei unsere Sinne auf die Natur einlassen wirkt entspannend und vitalisierend.

Ungezwungener Freilauf ist meiner Meinung nach wesentlich besser als der weitverbreitete Irrglaube, dass Hunde mit Spielen ausgepowert werden müssen. Das Treffen mit anderen Hunden, die Erlebnisse, die der Geruchssinn ermöglicht – was bei uns Menschen auch mit dem Zeitungslesen verglichen werden kann – und zahlreiche weitere Naturerlebnisse werden die Zufriedenheit deines Hundes maßgeblich fördern. Wenn du ihm bei der Begegnung mit anderen Hunden entsprechenden Freiraum lässt, dann werden dir die Hunde auch so einiges über ihren individuellen Sozialstatus und ihre Wesenseigenheiten mitteilen. Anhand ihrer Körpersprache kannst du dann erfahren, wie dein Hund sich im Kontakt mit anderen in seiner Rangbeziehung offenbart. Du wirst unterschiedliche Rutenstellungen beobachten können: Wer den Rutenansatz hebt, wer ihn senkt oder wer die Rute unterwürfig unter den Bauch zieht; ob die Ohren mehr nach vorne oder nach hinten gerichtet sind; die Körperhaltung allgemein... All das sind Anzeichen dafür, wie die Hunde ihren Sozialstatus einschätzen und wie sie wahrgenommen werden möchten. Sogar die Reihenfolge, in der sie urinieren, gibt darüber Auskunft. Der Ranghöhere markiert über den Urin der anderen. All dies sind Verhaltenseigenheiten, die besonders im Freilauf beobachtet werden können. **Ungezwungener Freilauf ist meiner Meinung nach die optimale Auslastung und das beste Training, das wir unseren Hunden bieten können.**

Freilaufende Hunde müssen natürlich auch unter dem Gesichtspunkt gewisser Einschränkungen betrachtet werden. Für unsere Hunde sind Kontakte mit fremden Artgenossen auch oft mit Stress verbunden. Wir müssen uns also gut überlegen, mit wem und unter welchen Umständen wir unseren Hunden Kontakte zumuten können. Auch hier ist wieder unser Feingefühl und unsere Beobachtungsgabe gefragt, damit wir unsere Vierbeiner nicht unnötig überfordern. Weiterhin zu beachten sind auch die Hinterlassenschaften und darüberhinaus natürlich die Beschränkungen, die uns die Landnutzung vorgibt. Auch die Tatsache, dass manch andere Hundebesitzer oder auch Spaziergänger nicht unbedingt begeistert sind, wenn dein Hund ohne Leine vor ihnen auftaucht, sollten wir nicht vergessen. Für Menschen mit einer Hundephobie (Kynophobie) könnte eine derartige Begegnung ausgesprochen unangenehm sein. Auch viele unserer Hundehalter-Kollegen haben schlechte Erfahrungen mit unverträglichen Hunden gemacht. Wenn du selbst relativ unsicher bist, was Hundebegegnungen anbelangt, dann solltest du eine Strategie entwickeln, wie du solche Situationen meistern kannst. Zeigst du Angst, wenn sich ein anderer Hund nähert, oder rufst du deinen Hund aufgeregt zu dir zurück, dann wird er dies als Gefahrensituation einschätzen und entsprechend reagieren. Wenn möglich also Ruhe bewahren, dich möglichst nicht einmischen und dich gegebenenfalls sogar ohne Hund einfach vom Geschehen entfernen. Im Idealfall wird dein Hund aus dieser Begegnung lernen, dass er die Situation selbst zu bestehen hat und sie auch auf friedliche Weise überstanden werden kann. Wenn dein Hund bereits im Welpenalter viel Kontakt mit anderen, auch fremden Hunden hatte, dann wird er auch im Erwachsenenalter relativ sozial verträglich agieren.

Was ich allerdings als nicht besonders hilfreich im Bezug auf Hundebegegnungen einordne, sind die vielfach praktizierten Hundewanderungen mit einer Vielzahl angeleinter Hunde und menschlicher Begleiter. Für relativ phlegmatische und vermenschlichte Hunde muss das nicht unbedingt problematisch sein. Für manche unserer instinktsicheren Hütehunde kann das aber durchaus eine massive Stresssituation bedeuten. Dann lieber Treffen in kleinen Gruppen mit gut bekannten Teilnehmern und, wenn möglich, freilaufenden Hunden.

Meine wiederkehrende persönliche Erfahrung mit mehreren freilaufenden Hunden ist das Gassigehen der Hütewettbewerb-Teilnehmer mit ihren Hunden. Es sind oft zwanzig und mehr freilaufende Hunde auf der gleichen Wiese, ohne dass es besondere Spannungssituationen gibt. Die Erklärung: Diese Hunde sind meist mit Rudelerfahrung aufgewachsen. Außerdem sind sie mit ihrem Rudelführer, denn sie bedingungslos auch als solchen anerkennen, unterwegs. Ist er entspannt und empfindet er die fremden Hunde nicht als Gefahr, so ist die Situation auch für die Hunde kein außergewöhnliches Ereignis. Warum betone ich die Stellung des Rudelführers in dieser Situation? Wenn du Hunde erfolgreich für die Teil-

Der Rundpferch ist für junge unde eine gute Möglichkeit, die ıafe unter Kontrolle zu bringen.

nahme an Wettbewerben ausgebildet hast, dann bist du für sie ein unangefochten übergeordnete Rudelgefährte. Sollte dies nicht der Fall sein, dann werden du und dein Hund keine Freude an Hütewettbewerben haben. Hüten funktioniert nur, wenn der menschliche Partner die alles bestimmende Größe im Leben des Hundes ist. Vielleicht klingt das für dich etwas abgehoben, ist in der Realität aber so.

Du fragst dich bei diesem Thema möglicherweise, warum ich Begegnungssituationen als absolut erstrebenswert darstelle, während andere, neuere Publikationen, diese eher als Stresssituation darstellen. Ich bin fest davon überzeugt, dass das Erlernen des artgerechten Benehmens nur in der Umgebung der eigenen Art stattfinden kann. Wir Menschen sind, trotz gut gemeinter Bemühungen, nur ein mangelhafter Ersatz für unsere Hunde. Freie Kommunikation unter Hunden festigt die Dominanzbeziehung. Ein Hund, der im Rudel aufgewachsen ist, erwartet von dir nicht für jede Kleinigkeit eine Belohnung. Er respektiert deine Vorgaben nicht, weil er dich besonders liebt, sondern weil du für ihn der bist, der zum Wohle des Rudels etwas von ihm verlangt. Voraussetzung ist allerdings, dass du als Rudelmitglied auch voll respektiert bist.

Wenn du möchtest, dass dein Hund sich problemlos mit anderen Hunden treffen kann, dann musst du dafür auch geeignete Trainingsmöglichkeiten schaffen. Zwanglose Treffen mit Hundefreunden oder auch der Besuch von gut organisierten Hundeschulen sind dann meist eine gangbarer Weg. Dass diese Treffen aber vorwiegend im Freilauf vor sich gehen, darauf würde ich besonderen Wert legen!

Die Begegnung mit anderen Menschen, wenn man mit seinem Hund unterwegs ist, bedeutet für viele von uns kein Problem.

Sind es bereits gute Bekannte, dann weiß man bereits im Voraus, wie sich diese Begegnung gestalten wird. Man wird sich überschwänglich begrüßen oder auch nicht. Du bist vielleicht sogar ein wenig beleidigt, weil dein Hund das Gegenüber momentan mehr beachtet als dich. Das sollte aber in der Regel kein größeres Problem sein. Der Hund treibt eben gerade wieder so seine Spielchen mit dir. Wir denken aus menschlicher Sicht sofort an die Freude, die mitschwingt wenn wir einen guten Bekannten wiedertreffen. Aus hundlicher Sicht könnte es auch als Gelegenheit gesehen werden, einem Menschen einmal wieder seine Dominanzfähigkeit zu demonstrieren. Er begrüßt den Menschen und dieser lässt es reaktionslos geschehen. Ein klares Zeichen für den Hund, dass dieser Mensch, auch wenn er nicht zum eigenen Rudel zugehört, im Rang niedriger ist als er.

Begegnen wir fremden Menschen, dann gibt es verschieden Möglichkeiten, wie dein Hund reagieren wird: freundlich, aggressiv oder sogar ängstlich. Was die Auslöser für die Reaktion deines Hundes auch sein mögen – wir neigen dazu, sofort unsere eigenen Schlüsse daraus zu ziehen. Davor möchte ich aber eindringlich warnen. Nur weil dein Hund den anderen Menschen anbellt, muss dieser nicht auch gleich ein unerwünschter Gegner sein. Oder weil dein Hund keine überschwängliche Freude zeigt, muss dieser Mensch nicht als unsympathisch empfunden werden. Hunde haben eben andere Wahrnehmungen als wir. Es wäre schade, wenn durch unsere Fehlinterpretation ein Mitmensch falsch eingeschätzt würde. Es könnte also durchaus sein, dass dein Hund bei der nächsten Begegnung mit dem gleichen Menschen eine dir positiv erscheinende Reaktion zeigt. Also bitte noch einmal: Nicht vorschnell jemanden als Freund, Feind, aggressiv oder ängstlich einordnen, nur weil dein Hund momentan gewisse Reaktionen zeigt!

Freilauf- und Jagdverhalten

Den Urinstinkt, alle sich schnell bewegenden Objekte zu registrieren und ihnen hinterherzujagen, haben unsere Hunde von ihren Vorfahren, den Wölfen, geerbt. Dass unsere Hütehunde natürlich besonders anfällig dafür sind, diesen Instinkt auszuleben, ist hinlänglich bekannt. Kleinste Objekte, wie zum Beispiel fliegendes Laub oder Vögel, werden bereits von Welpen im Alter von acht Wochen registriert und teilweise auch verfolgt.

Bei Hunden, die für den Hüteeinsatz benötigt werden, muss dieser Instinkt selektiv auf die Tätigkeit am Nutzvieh gefördert werden. Aber auch hier gilt: Über seinen Aufgabenbereich hinaus darf dies auf keinen Fall geduldet werden. Über Anti-Jagd-Training und Unterdrückung unerwünschten Jagdverhaltens gibt es zahlreiche Publikationen. Ich möchte deshalb nur kurz meine Erfahrungen mit unseren Hunden in dieser Angelegenheit schildern. Ich hoffe, dass du aus diesen Erfahrungen auch für deine Verhältnisse die passenden Schlüsse ziehen kannst. Wenn unsere Welpen im Alter von sechs bis acht Wochen erstmalig Hühner und Tauben mit ihrem Hüteblick registrieren, dann freuen wir uns. Wenn sie dann aber beginnen dieses Federvieh ernsthaft zu jagen, dann müssen wir uns erste Verbotsaktionen einfallen lassen. Der **Denker** und der **Sensible** sind dann meist relativ leicht zu beeinflussen. Der **Macher** wird dann schon etwas robuster überzeugt werden wollen. Bei mir ist es vor allem ein intensives **Nein-Kommando** oder auch schon ein etwas abschreckenderes Wegscheuchen vom Jagdobjekt. Ein Streichelzoo-Nein oder eine Leckerchen-Therapie wird für den **Macher** nicht ausreichen. Bereits nach einigen Tagen haben die Welpen dann verstanden, dass das Hetzen von Federvieh nicht erwünscht ist. Das Gleiche gilt natürlich auch für Hunde, die nicht für die Hütearbeit eingesetzt werden. Anstarren und jagen von allem, was sich bewegt, muss ebenfalls bereits im Welpenalter entsprechend unterbunden werden.

Im Welpen- und Junghundealter wird dann ein für meine Hunde ein sehr wichtiges **Fertig-Hörzeichen** eingeführt. Soll eine Tätigkeit beendet oder abgebrochen werden, dann geschieht dies auf mein Kommando „Fertig". Ganz wichtig dabei: Nicht der Hund entscheidet, sondern du bestimmst, wann er mit etwas aufhören darf oder auch muss! Ein „Fertig" findet in fast allen Lebenslagen Anwendung: nach dem Ablegen, nach dem Anstarren von Beuteobjekten oder auch bei Schmuse-Annäherungen und vielem mehr. Ein Kommando, das natürlich auch nach jeder Beendigung der Hütearbeit verwendet wird.

Ein Folge-Kommando ist dann vielfach eine **Rückruf-Aufforderung**. Beim Freilauf immer daran denken: Gehorsamkeit beginnt mit der zuverlässigen Abrufbefolgung. Eigentlich sollte das aber für dich – wenn du ein erfahrener Hundeführer bist – kein Problem sein. Wie wir wissen, halten sich Herden- und Rudeltiere bevorzugt in der Gemeinschaft auf, in der sie sich sicher fühlen. Das ist bei unseren Hunden dann das Rudel, im dem du der Anführer bist und zu dem du sie zurückrufst.

Und jetzt kommt das im Hütegeschehen wichtigste Kommando: **„Stopp"**. Stopp in allen Lebenslagen und vor allem als sicher befolgter Befehl auch in großer Entfernung. Du solltest jederzeit in der Lage sein, deinen Hund auch auf einer Distanz von etlichen hundert Metern zum Halt zu bringen. Klingt nicht einfach und das ist es auch nicht. Beim Hüten gehört der Ausbau zum entfern-

Freudiges Kommen wird durch unser Kleinermachen schon wesentlich erleichtert. Eine leicht nach hinten gerichtete Körpersprache könnte hier noch eine weitere Erleichterung für sensible Hunde bedeuten.

ten Stopp zum täglichen Brot. Hast du diese Möglichkeit nicht, dann kannst du dir bestimmt etwas einfallen lassen. Eine Möglichkeit ist die Hilfe einer weiteren Person. Einer hält den Hund, der andere entfernt sich. Der Abruf der entfernten Person wird dann in unregelmäßiger Entfernung mit einem Stopp unterbrochen. Die Entfernung muss natürlich kontinuierlich erweitert werden. Man beginnt mit einem sicheren Stopp erst im Nahbereich und vergrößert Schritt für Schritt die Distanz.

Wenn dein Hütehund diese vier hier beschriebenen Kommandos sicher befolgt, dann solltest du jederzeit in der Lage sein, deinen Hund vom Jagen und von allem, was sich bewegt, abzuhalten. Egal ob Wild, Fahrzeuge oder natürlich auch Nutzvieh. Dass dies aber wiederkehrende und gründliche Trainingseinheiten erfordert, muss dir bewusst sein. Dafür braucht es dann aber keine Leckerli-Ablenkung oder sonstige Einwirkungen. Du musst allerdings auch bereits in des Hundes frühester Jugend darauf achten, dass bewegliche Objekte nicht seine Aufmerksamkeit erregen.

Um die Eigenheiten deines Hundes einmal systematisch näher zu beurteilen, kann ein Bewertungsschema eine Hilfestellung sein.

Es könnte dir helfen, Stärken und Schwachstellen in deiner Hundepartnerschaft zu erkennen und, wenn nötig, an Verbesserungen zu arbeiten.

Mein Vorschlag: Du nimmst einen Balken mit der Länge von fünf Skaleneinheiten und platzierst ihn entsprechend deiner Einschätzung. Der Wunsch wird natürlich sein, möglichst viele der Eigenschaften im erwünschten Bereich zu finden. Wenn nicht, wird es dir die Information liefern, was du in Zukunft bei deinem Hund noch verbessern kannst. Diese Bewertung könnte aber im günstigsten Fall auch so ausfallen, dass dein Hund wesentlich positiver abschneidet als du erwartet hättest. Die Auflistung der Eigenheiten ist willkürlich zusammengestellt und soll auch keine hierarchische Reihenfolge darstellen. Diese Liste kann natürlich beliebig, deinen Bedürfnissen entsprechend, erweitert werden. Ein praktisches Beispiel in dieser Abbildung für die Bewertung wäre: „Nehmen wir einmal an, dein Hund hat starke Probleme mit dem „Fahrzeug jagen". Der Balken könnte dann im ungünstigsten Fall von –5 bis 0 (siehe roter Balken) platziert werden müssen. Ist er aber gleichzeitig ein Hund der mit den meisten Hunden besonders verträglich ist, außer mit ganz wenigen Ausnahmen, dann könnte der Balken von –1 bis 4 angebracht werden (siehe grüner Balken).

Umgang in Zusammenfassung

Die Basis für eine gute Mensch-Hund-Beziehung ist ein artgerechter Umgang und das Verständnis für das natürliche Verhalten von Hunden. Grundsätzlich bieten uns alle Haustiere ein gewisses Maß an Gesellschaft. Sie strukturieren den Alltag. Sie müssen gefüttert und gepflegt werden. Dadurch

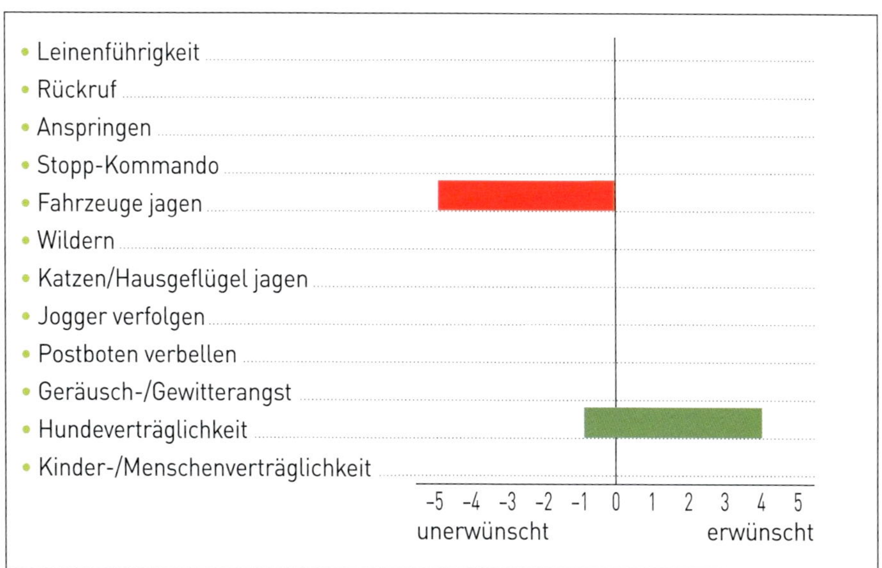

Abb. 8: Bewertung der Eigenheiten Deines Hundes

erlebt der Mensch seine Wirksamkeit und erhöht somit sein Selbstwertgefühl. Vielfach sind Tiere auch ein Ersatz für menschliche Nähe. Trotzdem – einen Hund wie einen Menschen zu behandeln, wird dessen genetisch verankerten Instinkten nicht gerecht. Er braucht einen souveränen Entscheidungsträger. Diese Position muss sich der Mensch erarbeiten, wenn er vom Hund akzeptiert werden will. Artgerecht wird nur das sein, was der Natur eines Hundes entspricht. Das heißt, wir müssen lernen, gemäß seines wölfisch ererbten Rudelverständnisses zu denken und zu handeln. Dazu gehört auch der Respekt vor seinen Bedürfnissen und seiner Wesensveranlagung. Mit überbordenden Lobeshymnen und sentimentaler Vermenschlichung wird man diesen Anforderungen mit Sicherheit nicht gerecht. Egal, ob dein Hund jetzt in die Familie integriert werden soll oder ob er als Gebrauchshund Verwendung findet – der Umgang und die Haltung müssen ihn auf seine Alltagsaufgaben konditionieren. Wir neigen allzu schnell dazu, von Problemhunden zu sprechen und vergessen dabei gerne, dass der Mensch der Auslöser für so manches Problem ist. **Problemhunde werden nicht geboren, Problemhunde werden gemacht! Ursachen sind züchterische und menschliche Einwirkungen!**

Wir müssen vor allem ein Gefühl dafür entwickeln, welche Umgangsvoraussetzungen für ein harmonisches Zusammenleben mit unseren Vierbeinern gewährleistet sein müssen. Der Hund ist keine Kommandomaschine. Vor allem verträgt er keine – aus seiner Sicht – widersprüchlichen Signale. Trotz unseres Bestrebens, möglichst konsequent zu agieren, müssen wir in bestimmten Situationen auch ein gewisses Maß an Toleranz aufbringen. Es gibt viele, viele positive Beispiele die zeigen, dass Mensch und Hund völlig problemlos und in bester Harmonie zusammenleben können.

Auch Freilandschweine muss man gelegentlich umtreiben. Sie können dabei sehr unangenehm agieren, wenn sie übermäßig bedrängt werden. Für diese Treibarbeit müssen Hunde entsprechend gut ausgebildet sein.

Hütehundezucht und
Aufzucht in optimaler
Partnerschaft

Hütehundezucht und Fortpflanzung

Das Thema Hütehundezucht und Fortpflanzung wird aufgrund seiner Komplexität nur begrenzt thematisiert und soll hier als Einstieg für den interessierten Laien dienen. Ich kenne etliche Besitzer von Hütehunden, die von ihren hochgeschätzten Hunden gerne auch einmal eine Nachzucht bekommen möchten. Ob dies aber wirklich sinnvoll ist und ob die entsprechenden Rahmenbedingungen auch vorhanden sind, sollte natürlich vorher reiflich überlegt werden. Wird dann das Glück einer erfolgreichen Verpaarung mit gesunden Welpen belohnt, dann ist die Suche nach verständnisvollen und geeigneten zukünftigen Besitzern nicht immer unbedingt einfach.

Die Zucht unter dem Dach einer anerkannten Zuchtorganisation ist mit einer Vielzahl von Bedingungen verbunden, deren Aufwand man nicht unterschätzen darf. Züchtung ohne die fachkundige Begleitung einer Züchtervereinigung kann, besonders was gesundheitliche Belange betrifft, schnell problematisch werden. Es gibt bei allen Hunderassen bestimmte Erbkrankheiten. Ihre Bekämpfung ist eine der Aufgaben, die von unseren Zuchtorganisationen in der Regel effektiv gehandhabt werden.

In diesem Zusammenhang möchte ich auch dringlichst darauf hinweisen, dass wir bei unseren Zuchtentscheidungen die natürliche Veranlagung unserer Hunde auf keinem Fall außer Acht lassen dürfen. Die Erbinformationen wie Paarungsabläufe, das Geburtsgeschehen, das Rudelverhalten und selbst der Jagdinstinkt müssen weiterhin in der Genetik unserer Hunde verankert bleiben. Wenn wir anfangen mit Hunden zu züchten, die sich nur mehr durch künstliche Befruchtung vermehren können oder Hündinnen für die Zucht verwenden, die den Geburtsvorgang und die Welpenaufzucht nicht mehr ohne menschliche Hilfestellung zustande bringen, dann ist das schlicht und einfach eine grobe Misshandlung der uns anvertrauten Tiere. Aus ethischen und tierschutzrelevanten Gesichtspunkten dürfen wir uns in dieser Hinsicht keinerlei Nachlässigkeit erlauben. **Tiere zu züchten, die ohne menschliche Hilfe nicht mehr lebensfähig sind, ist eine Missachtung des Evolutionsgeschehens und muss vor allem von den zuständigen Zuchtorganisationen restriktiv gehandhabt werden.**

Bei der Auswahl der Zuchtpartner unserer Hütehunde wurde über viele Generationen hinweg von Nutztierhalter speziell auf ihre Eignung für die Hirtenaufgaben geachtet.

Die Besonderheiten der Veranlagung, die Führigkeit, die Wächtereigenschaften, der Wille zu dienen und die außerordentliche Intelligenz sind allein das Resultat von lange zurückreichenden Selektionskriterien. Die Mehrzahl dieser Hunde wird aber zwischenzeitlich für ihr ursprüngliches Aufgabengebiet nicht mehr benötigt. Wenn man nun der Meinung ist, dass man zum Beispiel den Hütetrieb einfach wegzüchten kann, dann wird das nicht ohne gravierende Folgen bleiben. Alle diese bisher angezüchteten Eigenschaften sind in gewisser Weise miteinander verbunden. Man spricht hier auch von Korrelation, also wechselseitiger Beziehung von Erbanlagen. So kann es durchaus sein, dass Hütetrieb und Führigkeit stark miteinander korrelieren. Du hast also beispielweise einen Hund, der zwar dieses lästige Auto- und Fahradfahrer-Hüten nicht mehr zeigt, der aber gleichzeitig wesentlich weniger Lernbereitschaft und Führigkeit besitzt. Das soll nur als ein fiktives Beispiel angeführt sein. In der Realität müssen wir aber damit rechnen, dass jeder Hund, jedes Tier durch Umzüchtung seine ursprünglichen Eigenheiten sehr schnell verlieren kann. Unsere Hütegebrauchshunde sind relativ hochgezüchtete Tiere. Schon eine einzige unpassende Verpaarung kann die Zuchtarbeit vieler Generationen wieder zunichte machen. Ich versuche das immer am Beispiel der Rennpferdezucht verständlich zu machen. Das beste Rennpferd verpaart mit dem besten Ackergaul wird nie mehr – oder erst über weitere langwierige Zuchtarbeit – ein brauchbares Rennpferd hervorbringen. Du darfst dich also nicht wundern, wenn dein super Gebrauchshund, verpaart mit einer reinen Schaulinie, einen ganz anderen Hundetypus hervorbringt, als seine Gene es vielleicht erhoffen ließen.

Zuchtarbeit ist eine durchaus anspruchsvolle Tätigkeit, die man nicht unterschätzen sollte. Unglückliche Verpaarungen sind übrigens meiner Meinung nach eine der Ursachen, warum wir es gerade im Hütehundebereich leider immer wieder mit Problemhunden zu tun haben. Ein gut brauchbarer Hütehund für die Arbeit am Vieh muss besonders bei der Mischung seiner Wesenseigenschaften eine sehr feine Abstimmung in seinen Genen verankert haben. Was nützt uns der Draufgänger, wenn er nicht mehr zuhören will? Was hilft dem Schäfer der Hochintelligente, wenn er Weidetiere nicht mehr bewegen kann? Unsere Hütehunde werden in den vergangenen Jahrzehnten immer weniger für die Arbeit am Vieh benötigt. Die Zuchtauswahl wurde – sozusagen über Nacht – vielfach auf Schönheitsmerkmale ausgerichtet. Besonders in der Hütehundezucht wird es aber trotzdem immer wieder Züchter geben, die die Ursprünglichkeit der Tiere weiter im Auge behalten. Ganz einfach deshalb, weil diese Hunde mit ihrer besonderen Arbeitseignung weiter gebraucht werden.

Die Paarungszeit unserer Hunde ist nicht wie bei den Wölfen auf die Wintermonate beschränkt.

Sie ist asaisonal – eine Abhängigkeit von der Jahreszeit gibt es nicht. Das Läufigkeitsintervall der Hündin beträgt in der Regel sechs bis sieben Monate. Rüden sind immer paarungsbereit. Die Geschlechtsreife kann rassen- und typabhängig bereits zwischen dem 5. und 8. Lebensmonat beginnen. Bei manchen Hündinnen setzt die Läufigkeit aber auch erst im zweiten Lebensjahr ein.

Früh übt sich, wer einmal Meister werden will.

Wenn Hündinnen läufig werden, wird das für uns Hundehalter meist etwas Unruhe in den Alltag bringen. Die Rüden werden unruhig, sie bellen, jaulen und winseln. Auch absolute Appetitlosigkeit kann bei manchen Rüden beobachtet werden. Die Rüden sind in der Zeit, in der deine Hündin läufig ist, besonders einfallsreich, um an ihr Objekt der Begierde zu kommen. Bei uns hat ein Rüde schon einmal ein 24mm dickes Brett durchgebissen. Seit dieser Erfahrung wird bei uns eine läufige Hündin niemals mehr in unmittelbarer Nachbarschaft eines Rüden untergebracht. In der Wohnungshaltung stellt auch eine normale Zimmertür nicht unbedingt ein Hindernis dar. Aus einer australischen Berichterstattung konnte ich erfahren, dass läufige Hündinnen gelegentlich sogar in einem Baumhaus untergebracht werden – in der Hoffnung, dass Rüden keine besonderen Kletterkünstler sind.

Wenn du unter relativ begrenzten Wohnraumverhältnissen Besitzer beider Geschlechter bist, dann weißt du sicher auch, was während der Hitze einer Hündin so alles zu beachten ist. Läufigkeitsverhinderung und Kastration sind dann ein weiteres Thema, das ich hier nicht weiter vertiefen werde. Vor- und Nachteile abzuwägen und sich möglicher Folgen bewusst werden, ist dann eine Angelegenheit, die am besten mit dem Tierarzt zu klären ist.

Das Geburtsverhalten und die Welpenaufzucht hat sich bei unseren Hunden im Laufe der Evolution im Vergleich zum Wolf nicht wesentlich geändert.

Die Umstände allerdings, unter denen die Geburt inzwischen in den meisten Fällen stattfindet, kann aus meiner Sicht leider nicht wirklich als artgerecht bezeichnet werden. Viele der inzwischen zu beobachtenden Geburtsprobleme könnten vermieden werden, wenn wir nur etwas mehr auf die natürlichen Eigenheiten unserer Hunde eingehen würden.

Die Wolfsmutter gräbt sich eine Höhle, oder zumindest eine tiefe Mulde, um dort ihre Welpen zur Welt zu bringen. Kein anderer Wolf darf sich ihren Welpen in den nächsten zwei bis drei Wochen nähern. Warum beschützt sie ihre Welpen vor anderen Rudelgefährten? Ganz einfach: weil sie um das Leben ihrer Welpen fürchten muss. Ranghöhere Wölfe würden keine Sekunde zögern, ihre Welpen zu töten. Erst wenn die Welpen schon etwas beweglicher sind und beginnen, aus ihrem Bau herauszukommen, werden sie von den anderen Wölfen akzeptiert. Die adulten Tiere beginnen dann vorverdaute Nahrung hervorzuwürgen und helfen so mit, die Welpen zu ernähren. Die Jungen werden vom ganzen Rudel versorgt. Die erwachsenen Wölfe spielen mit den Welpen, sie sorgen aber auch dafür, dass die jungen Wölfe die Rudelsprache erlernen. Frechheiten werden bis zu einem gewissen Grad toleriert. Ihr Verhalten wird aber auch, wenn nötig, entsprechend korrigiert. Bereits in einem Alter von sechs Monaten haben die jungen Wölfe gelernt, wie man jagt und wie man sich innerhalb des Rudels richtig verhält.

Was hat sich für unsere Hunden trotz der genetisch verankerten Verhaltensprogramme bezüglich Vermehrung, Geburt und Welpenaufzucht aber trotzdem verändert? Es ist wieder der Mensch, der seine Vorstellungen einbringt. Als Erstes werden wir die Paarungspartner bestimmen, dann ist es die Örtlichkeit des Geburtsgeschehens und natürlich unsere Einflussnahme auf die Welpenaufzucht. Der Geburtsvorgang mit den Handlungsketten Abnabeln, Zerreißen der Eihaut, massierendes Belecken bis zur Atmung des Welpen, Aufnahme der Eihaut und Reinigen des Lagers ist im Normalfall immer noch der Hündin überlassen. Wir kümmern uns um den Wurfraum, bauen Wurfkisten und überwachen den Geburtsvorgang. Warum aber gibt es zwischenzeitlich vermehrt Geburtsprobleme, auch bei unseren Naturburschen, den Hütehunden? Aus meiner Sicht ist die Antwort dazu relativ einfach. Unser wohlmeinendes Intervenieren ist selten das, was der Hund eigentlich möchte. Ohne weiter auf Einzelheiten einzugehen, sind es drei Parameter, die ich ansprechen möchte. Zum Ersten ist es der Wurfplatz. Da wir der Hündin nicht alle ihre bevorzugten Plätze erlauben werden, müssen wir zumindest die Plätze vermeiden, bei denen sie durch ihr Verhalten anzeigt, dass sie dort nicht gebären möchte. Zweitens bevorzugt die Hündin immer einen Platz, an dem sie graben oder zumindest eine Mulde schaffen kann. Hat deine vorzüglich ausgestattete Wurfkiste das? Und drittens möchte sie bei der Geburt ungestört sein. Jedes andere Rudelmitglied ist eine Gefahr für ihre Welpen. Ich bin mir bewusst, dass viele mit dieser dritten Aussage nicht einverstanden sind. Man ist doch ihr bester Freund und möchte ihr doch nur helfen. Wie aber könnte es die Hündin aus ihrer Sicht interpretieren? Der Mensch ist Alpha im Rudel und damit momentan die größte Gefahr für ihre Welpen. Wie sich dieser Umstand dann auf das weitere Geburtsgeschehen auswirkt, ist natürlich von Hund zu Hund verschieden. **Eines erlaube ich mir hierzu jedoch noch anzumerken: Es gäbe meiner Meinung nach viel weniger Geburtsprobleme, wenn die Hündin beim Geburtsvorgang nicht gestört werden würde.**

Der 14 Jahre alte Aussie ist immer noch in guter Kondition.

Vom Welpen zum Junghund

Die Zeit vom Welpen bis zum Junghund ist eine ganz entscheidende Phase im Leben eines Hundes, der wir besondere Aufmerksamkeit widmen müssen. Welpen, die beim Züchter verbleiben, werden sich in den Rudelverband eingliedern. Sie werden durch Spiele und Kontakte zu den anderen Hunden das nötige Wissen für ihr weiteres Leben erlernen. Wird der Welpe abgegeben, dann beginnt für ihn zunächst einmal die Eingewöhnungsphase. Die neuen Rudelgefährten werden meistens Menschen, also Artfremde sein.

Hund und Mensch müssen sich kennenlernen, eine Einheit bilden und lernen, sich gegenseitig zu vertrauen. Natürlich gilt es auch die neue Umgebung zu erkunden, das Mitfahren im Auto und vieles, was das tägliche Leben eben so ausmacht. In diesem Lebensabschnitt werden auch die Grundlagen wie Sitz, Platz, Komm und bei-Fuß-Gehen angelernt. Ist der neue Welpe der einzige Hund in der menschlichen Partnerschaft, dann ist jetzt die Zeit, in der er sich mit Hilfe seines Menschen zu einem sozialen Lebewesen entwickeln wird. Junge Hunde lernen durch Versuch, Erfolg und Misserfolg bei spielerischen Auseinandersetzungen. Dabei werden auch Kräfte gemessen und Möglichkeiten erkundet, den eigenen sozialen Status zu verbessern. Dieser Lebensabschnitt wird ebenfalls in zahlreichen Publikationen ausführlich dargestellt. Mein Augenmerk gilt deshalb weniger der Methodik der verschiedenen Lernempfehlungen, sondern mehr den Umgebungsverhältnissen, die in diesem Zeitraum vorherrschen.

Streicheln, Küssen und Abschlecken kann für Mensch und Tier eine Quelle von Glücksbotenstoffen bedeuten. Die Möglichkeit der Übertragung von Krankheiten/ Zoonosen sollte dabei aber bedacht werden.

Welpen, die in einer gut funktionierenden Rudelgemeinschaft von mehreren Hunden aufwachsen, haben die Möglichkeit zu lernen, wie das natürliche Sozial- und Autoritätsverhalten unter Hunden gehandhabt wird.

Die älteren Hunde werden übermütige Welpen, wenn nötig, gehörig in die Schranken weisen. Besonders natürlich dann, wenn sie zu aufdringlich sind. Hunde sind untereinander nicht besonders zimperlich, wenn es um

Gänsehüten ist für gute Hunde
ine willkommene Abwechslung.

Abmahnungen geht. Auch diese Vorgehensweise wird zum Teil ihr späteres Auftreten prägen. Derartige Lektionen sind für die soziale Entwicklung von großer Bedeutung, wenn nicht sogar unerlässlich. Das Spielen der jüngeren Hunde untereinander ist dagegen mehr ein Kräftemessen und wird auch eine gewisse Vorbereitung für die Jagdfähigkeiten im Erwachsenenalter sein. Diese Erfahrungen, die im Rudelverbund gemacht werden, sind außer der körperlichen Ertüchtigung auch gleichzeitig eine Schulung geistiger Fähigkeiten. Durch das Leben in der Gemeinschaft lernen sie auch, dass fremde Hunde erst einmal mit einer gewissen Vorsicht zu betrachten sind. Sie werden also Fremden gegenüber zunächst ein gewisses Misstrauen an den Tag legen und ihnen nicht vorbehaltlos entgegen stürmen. Welpen, die im Rudel erzogen wurden, werden im späteren Leben selten Probleme mit anderen Hunden haben. Auch können sie mit einem hundegerechten Grenzensetzen relativ gut umgehen. Meine der Hundesprache ähnlichen Verbotskommandos werden deshalb relativ gut akzeptiert und auch beachtet. Ein Vorteil, den ich auch bei fremden Hunden, die im Rudel sozialisiert wurden, gut beobachten kann. **Sie haben von ihren Artgenossen die feinen Unterschiede, die ein Nein bedeuten kann, gelernt. Da gibt es das halbherzig übermittelte Nein, das besagt „Belästige mich bitte nicht“, aber auch das ultimative Nein, das bedeutet „Wenn du nicht sofort gehorchst, dann gibt es Ärger, der dich schmerzen wird“.**

Hunde dieses Alters müssen natürlich auch mit anderen Umwelteinflüssen, die außerhalb des Rudels stattfinden, bekanntgemacht werden. Bei unserem Nachwuchs auf dem Hof sind dann die menschlichen Besucher samt ihrer Hunde die willkommenen Ausbildungsobjekte für rudelfremde Begegnungen. Einflüsse, die darüber hinausgehen, müssen, wenn nötig, durch Einzelaktionen geschult werden. Da ist zum Beispiel das Kennenlernen von Fahrzeugen, von verschiedenen technischen Geräuschen und auch von fremden Tieren oder Menschenansammlungen. Hunderudel, wie ich sie hier beschreibe, werden überwiegend unter Gebrauchshundehaltern zu finden sein. Hundehaltung beginnt fast immer mit einem Einzelhund. Sport-

Der Berger de Picardie ist als Schaf- und Kuhhund gleichermaßen geeignet. Das struppige Fell schützt zuverlässig vor Kälte und Nässe.

bedürfnisse oder einfach der Bedarf an mehreren Hunden für eine Gebrauchstätigkeit sind dann Gründe, warum die Anzahl der gehaltenen Hunde zu einem stattlichen Rudel anwachsen kann.

Einen Zweithund anzuschaffen ist eine Entscheidung, die von vielen Hundehaltern früher oder später in Erwägung gezogen wird.

Der momentane Hund wird älter und man ist der Meinung, dass ihm ein weiterer Hund als Gesellschafter gut tun könnte. Auch könnte ein Mitglied der Menschenfamilie das Gefühl haben, der jetzige Hund ist zu sehr auf ein anderes Familienmitglied fixiert. Er aber möchte ebenfalls einen Hund, der aber diesmal eine engere Bindung zu ihm entwickeln sollte. Man einigt sich also, einen weiteren Hund anzuschaffen. Für den Gebrauchshundehalter ist der Zweithund meist einfach eine benötigte Verstärkung. Gerade bei gut verträglichen, älteren Hunden kann ein junger Welpe eine bedeutende Bereicherung für Mensch und Hund sein. Auch wenn der ältere Hund momentan etwas eifersüchtig reagieren kann, wird er den Zuwachs meist sehr schnell positiv bewerten. Er hat jetzt endlich einen Rudelgefährten, mit dem er artgerecht zusammen sein kann. Der Welpe wird natürlich auch versuchen, seine Spielleidenschaft auszuleben. Dem älteren wird dadurch in gewisser Weise wieder etwas mehr Schwung in sein Leben gebracht. Das Sozialisierungsgeschehen wird durch diese neue Hundegemeinschaft mit Sicherheit von artspezifischen Erfahrungen geprägt sein. Das ist eine Verhaltensvermittlung, die wir Menschen trotz all unserer Bemühungen, nicht bieten können. Was du aber immer beachten solltest, sind die individuellen Wesenseigenschaften dieser neuen Hundegemeinschaft. Ist einer davon ein besonders introvertierter Partner, dann muss er auch unter besonders engen Wohnverhältnissen immer eine geeignete Rückzugsmöglichkeit haben. Der Draufgänger muss dann, wenn nötig, besonders beim Füttern einige Zeit vom anderen Hund abgesondert werden.

Diese neue Gemeinschaft bietet auch eine Lernerfahrung, die mit Futterdominanz zusammenhängt. Der Welpe sollte meiner Meinung nach durchaus die Erfahrung machen, dass es immer einen Stärkeren im Leben geben wird. Also sei nicht zu zimperlich und gib den beiden die Möglichkeit, um einen leckeren Knochen zu streiten. Einer wird sich durchsetzen und der andere wird lernen, seine Wünsche den Rangverhältnissen unterzuordnen. Auch du solltest in diesem Zusammenhang deinen Hunden zeigen, dass du die absolute Ranghoheit im Rudel hast. Der Welpe oder auch der ältere Hund müssen dir das begehrteste Futter ohne Widerspruch überlassen, wenn du es ihnen entsprechend mitteilst. Das sollte übrigens für alle in der Familie lebenden Menschen gelten. Selbst das kleinste Kind darf hier keine Ausnahme sein. Sollte hierbei auch nur die geringste Abwehrhaltung bei einem deiner Hunde ersichtlich sein, hast du ein Problem. An diesem Problem musst du arbeiten. Mit einer Streichelzoo-Mentalität wirst du nicht erfolgreich sein. Schaffst du es trotz bester Bemühungen nicht, deinem Hund den begehrten Knochen ohne die geringste Abwehrhaltung abzunehmen, dann steckst du als Hundehalter in gravierenden Schwierigkeiten. Entschuldige bitte meine Direktheit, aber viele der angeblichen Hundeprobleme würde es nicht geben, wenn der Mensch sich als Führungsfigur entsprechend darstellen könnte. Für dich ist diese Schwäche vielleicht eine Nebensächlichkeit. Diesem guten armen Hund, der ja dein besonderer Freund ist, kann man doch nicht derart hartherzig seinen Knochen streitig machen, könnte hierzu deine Einstellung sein. Du darfst mir aber glauben, für deinen Hund ist es eine ganz entscheidende Erfahrung. Er wird andernfalls auch in anderen Situationen deine Führungskompetenz in Frage stellen. Ein wankelmütiges Vorgehen auf der Führungsebene ist das Schlimmste, was du deinem Hund zumuten kannst. Du glaubst mir nicht? Bitte bedenke, im Rudel herrscht in der Regel eine klare Rangordnung. Ist es nicht so, dann muss sie eben geklärt werden. Wenn du aber durch dein Verhalten bei jeder Gelegenheit zeigst, dass du einmal der Boss bist und das andere Mal nicht, dann ist das für den Hund ein unlösbares Problem. Ein Problem, das er nur über eine Auseinandersetzung klären kann. Das sind eben die Rudelgesetze, die für das Funktionieren einer Gemeinschaft verantwortlich sind. Wird diese Unstimmigkeit nicht beseitigt, dann wird sich eine Dauer-Stresssituation entwickeln, die mit der Ausschüt-

Der Laekenois wird trotz Schutzhundeveranlagung auch im Hundesport eingesetzt.

Der Kontakt von Kind und Welpen ist für beide Seiten vorteilhaft.

tung von Stressbotenstoffen einhergeht. **Also bitte, hilf deinem Hund zu einem entspannten Leben, indem du einfach in allen Bereichen sein konsequenter Führungspartner bist und dich in keiner Weise manipulieren lässt.**

Nachdem die überwiegende Zahl der Welpen vom Züchter abgegeben wurde, sind diese plötzlich ohne ihre vertrauten Geschwister vielfach nur mehr von Menschen umgeben. Sie sind also sozusagen Einzelkinder, die die arttypischen Verhaltensweisen aber trotzdem erlernen müssen.

Haben sie nun kaum oder gar keinen Kontakt mehr zu Artgenossen, dann werden sie später soziale Kontakte mit anderen Hunden nicht artgerecht aufnehmen können. Wenn ein Welpe Einzug in seine neue Menschenfamilie gehalten hat, dann muss er für sein späteres Leben noch so einiges lernen. Was er normalerweise im Zusammenleben mit anderen Artgenossen gelernt hätte, muss er sich jetzt vorwiegend unter menschlicher Beaufsichtigung aneignen. Wieviel Mühe wir uns auch geben, der Mensch wird nie einen vollwertigen Ersatz für das Erlernen der Hundesprache bieten können. Wenn die Jungtiere nun über längere Zeit kaum oder gar keine Kontakte zu anderen Hunden haben, dann richtet sich ihr Sozialverhalten stark am Menschen aus. Diese Bindungsbereitschaft ergibt sich aus der Trennung vom bisherigen Umfeld und natürlich besonders von der Mutter. Das natürliche Bedürfnis nach einer neuen Partnerschaft wird dann eben eine Partnerschaft mit einem Menschen sein. Bleibt der Jüngling über längere Zeit in einer rein menschlichen Umgebung, dann wird es bei Kontakten mit anderen Hunden Schwierigkeiten geben. Er hat eben einfach nicht gelernt, wie man sich mit der richtigen Körperhaltung anderen Hunden gegenüber verhalten sollte.

Damit dein Hund auf sein späteres Leben gut vorbereitet ist, hast du also

Welpen können in diesem Alter normalerweise noch einträchtig zusammen ihr Mahl genießen.

eine Vielzahl von Aufgaben zu bewältigen. Da sind zum einen entsprechende Kontakte zu anderen Artgenossen und außerdem die Erwägungen, die sich aus den vielfältigen Sozialisierungsanforderungen ergeben. Viele dieser Aufgaben werden durch spielerisch ausgerichtete Unternehmungen vonstatten gehen. Vergiss auch bitte beim Spiel nicht, dass du bestimmst, wann, wo und wie lange gespielt wird. Lass dich nicht durch Aufmerksamkeitsforderungen von deinem Welpen bereits in diesem Alter manipulieren. Vergiss auch nicht, dass Welpen im Gegensatz zu uns Menschen sehr schnell erwachsen werden. Ich denke da vor allem an die Verabreichung von Futter. Wie bereits bei den Zweithund-Verhältnissen beschrieben, solltest du die Futterrangordnung auf keinen Fall zu deinen Ungunsten ausarten lassen. Aus meiner Sicht ist hier die Leckerligabe, die du aus deiner Hand verabreichst, einer der gängigsten Fehler, die man machen kann. Ich denke dabei vor allem an das heute leider gebräuchliche Futter-Belohnungssystem. **Hunde füttern ausschließlich ihre Welpen mit fester Nahrung. Ältere, ranghöhere Hunde würden anderen niemals Futter zutragen. Du behandelst deinen schnell erwachsen werdenden Hund also immer noch wie einen Welpen und vergibst dir dadurch deinen Rangstatus. Dein Hund wird bereits in seiner Jugend von deinem Führungsverhalten verunsichert werden. Das ist ein Problem, das meiner Meinung nach die Saat für viele der späteren Verhaltensauffälligkeiten ist.**

Die Vorbereitung des Hundes auf seine zukünftige Aufgabe stellt eine weitere Aufgabe des Hundehalters dar, die im Junghundealter zu bewältigen ist.

Vergiss dabei dennoch nicht: Obwohl dein Hund relativ schnell körperlich erwachsen sein wird, musst du immer daran denken, dass er bezüglich seiner geistigen Reife eben noch nicht wirklich erwachsen ist. Seine körperliche und geistige Reife in diesem Entwicklungsstadium verträgt noch keine extreme Belastung.

Denke aber gleichzeitig daran, dass der anfänglich recht niedlich erscheinende Welpe bereits ab dem Alter von vier bis fünf Monaten nach menschlichen Maßstäben ein Halbstarker ist. Unser menschlicher, angeborener Pflegetrieb muss sich dann langsam ändern, denn Junghunde müssen anders als Welpen behandelt werden. Einen um Aufmerksamkeit bettelnden Hund

Unsere Uta kann bei der Hütearbeit auch ganz schön energisch reagieren.

abzuweisen mag für viele von uns nicht so einfach sein. Daran zu denken, dass die meisten Hunde bereits zwischen 9 und 12 Monaten geschlechtsreif sind, sollte es uns leichter machen, mit dem Verzärteln eines Junghundes aufzuhören. In diesem Alter wird das Spielverhalten vermehrt einen Ernstbezug erlangen. Es wird dann vorrangig als strategisches Element verwendet, um den möglichen Sozialstatus auszuloten und zu verbessern. In dieser Zeit musst du dir verstärkt bewusst werden, dass du als Teil des Rudels wahrgenommen wirst und auch deine Einordnungen unter diesem Gesichtspunkt stattfindet.

In diesem Lebensabschnitt werden wir unsere Hunden bereits auf verschiedene Aufgabenbereiche einstimmen, die Bestandteil ihres späteren Lebens sein werden. Dazu gehört natürlich auch das Erlernen von, nennen wir es einmal **„unhundlichen"** Aufgabenstellungen. Dazu gehören Gehorsamkeitsübungen, die nicht unbedingt dem entsprechen, was der Hund normalerweise gerne tun möchte. Erste unerwünschte Begebenheiten sind da zum Beispiel das Anlegen eines Halsbandes oder Brustgeschirrs. Dann geht es weiter mit den Einschränkungen, die Leinenführigkeit und Kommandos wie Sitz, Platz, Komm etc. mit sich bringen, die der Hund befolgen soll. Alles Geschehnisse, die nicht unbedingt das sind, was er seinem Naturell entsprechend gerne täte.

Als **„hundlich"** könnten wir dann Ereignisse einstufen, die der natürlichen Veranlagung wie Jagen, Hüten, Suchen und Sozialisierungsgeschehnisse betreffen. Wenn wir nun den Begriff „unhundlich" (wird von Fachleuten tatsächlich gelegentlich verwendet) mit der menschlichen Variante „unmenschlich" in Verbindung bringen, dann wird uns vielleicht klar, dass diese Zustände zunächst unangenehm und fremdgesteuert sind. Der Betroffene kann seinen Zustand in der Regel nicht aktiv verändern, selbst wenn er es wollte. Aber lass uns dieses „Unhundliche" einmal mit weniger negativen Vorzeichen als das „Unmenschliche" betrachten. Fakt ist, wir verlangen von unseren Hunden Dinge, die sie nur unter unserer Einwirkung vollbringen werden. Was ich letztendlich ausdrücken will: Diese „unhundlichen" Ausbildungsabschnitte, die ja bereits im Welpenalter eingeleitet werden, dürfen wir ruhig mit etwas mehr Mitgefühl und mit weniger technokratisch interpretierter Methodik abhandeln.

Dazu fällt mir eine Begebenheit mit einem schottischen Schäfer ein, der sehr erfolgreich in der Hundeausbildung ist. Ich kam zu einem Treffen auf seinen Hof, als er mit einem Junghund beschäftigt war. Er hatte ihm gerade sein erstes Halsband angelegt, was für den Hund offensichtlich nicht an-

Eine Körperhaltung, die das Herz eines Züchters höher schlagen lässt.

genehm war. Des Schäfers Reaktion: „Dem werde ich jetzt noch einen Knochen mit einem saftigen Happen Fleisch daran geben, dann wird sich mein Hund leichter an das Halsband gewöhnen!" Eine kleine Geste, aber auch der Beweis dafür, dass man bereits bei den einfachsten Einwirkungen auf den Hund mit entsprechendem Einfühlungsvermögen tätig werden kann.

Die Vorbereitung auf spätere Aufgabengebiete sind natürlich ausgesprochen vielfältiger Natur. Unsere Hütehunde sind aber auch in allen möglichen Fachgebieten anzutreffen. Wird der Hund zum Hüten verwendet, so wird er mit Sicherheit anders eingestimmt werden, als wenn er als reiner Familien- und Begleithund seine Aufgabe findet. Beim Hütegebrauchshund wird der Hütetrieb entsprechend gefördert werden, während der Familienhund lieber weniger mit Hüteerlebnissen bekannt gemacht wird. Beim Suchhund wird die Nasenarbeit gefördert. Wird er als Therapie-, Krankheitssuch- oder Blindenhund benötigt, dann wird als Grundlage eine solide Ausbildung vor allem der „unhundlichen" Aufgabenstellungen nötig sein. Beim Sporthund wird man zur Vorbereitung schon einmal an das später geforderte Bewältigen von Hindernissen etc. denken. Dem Herdenschutzhund wird das Zusammenleben mit anderen Tierarten bereits seit frühester Jugend beigebracht. Das ist also eine Vielzahl von Einwirkungsmöglichkeiten, die auch eine Vielzahl an Einsatzmöglichkeiten mit sich bringt.

Führungsanspruch klären/ Dominanzübungen

Der Ausdruck „Dominanz" wird in der Hundewelt in den letzten Jahren als eine Art Unwort angesehen. Du kannst natürlich gerne Umschreibungen wie Führungsrollen-Übungen etc. verwenden.

Fakt ist: Auch von Führungskräften in der menschlichen Welt erwartet man in der Regel eine gewisse Dominanzfähigkeit. In der Tierwelt werden „Dominanzbeziehungen" von Wissenschaftlern als Grundmuster einer jeden Rangordnung in einem Tierverband verstanden. In einer Wolfsgemeinschaft, wie auch in einem Hunderudel, haben die Jungtiere gelernt, sich gegenseitig mit Respekt und Rücksichtnahme zu begegnen.

Die Rangordnung und insbesondere die Führungsposition ist bei unseren Hunden eine ständige Herausforderung. Auch du musst deine Führungsrolle immer wieder unter Beweis stellen, wenn du als Alpha, oder Chef – wenn dir dieser Ausdruck besser gefällt – anerkannt werden willst. Dominanzübungen möchte ich auf keinen Fall als Korrekturmaßnahme verstanden wissen. Korrektur wäre dann

Das Erscheinungsbild der Altdeutschen Hütehunde kann sehr unterschiedlich sein.

notwendig, wenn vorher etwas schief gelaufen ist. Das möchten wir natürlich tunlichst vermeiden – darüber sollten wir uns einig sein. Du wirst dich jetzt langsam fragen: Was soll ich denn nach dieser langen Einleitung nun eigentlich machen, um meiner Führungsrolle gerecht zu werden? Keine Sorge! Es sind meiner Meinung nach nur einige Kleinigkeiten, die zu beachten sind.

Welpen und Junghunde versuchen, sich anderen geradezu aufdringlich und überschwänglich anzunähern. Lässt du das mit dir geschehen und freust dich dabei noch, dann hast du die erste Prüfung schon nicht bestanden. Eine angebrachte hundliche Reaktion wäre: Halte Abstand, wenn ich das wünsche, und benimm dich entsprechend. Ein Kommen ist nur erlaubt, wenn *ich* das möchte. Befolgst du meine Abweisung nicht, zeige ich dir meine Zähne. Hunde versuchen, durch ihre Körperhaltung ihren Rangstatus vorteilhaft zu demonstrieren. Wenn dein Hund also mit erhobener Rute an dir vorbeimarschiert oder sich in deiner unmittelbaren Nähe entsprechend dominant zu erkennen gibt, dann lass dir das nicht gefallen. Ein kurzer Laut des Missfallens genügt dann meist schon, um deinen Führungsanspruch zu demonstrieren.

Bevor ich dieses Thema abschließe, muss ich noch einmal die Wichtigkeit der Futterdominanz ansprechen. Der übergeordnete Gefährte lässt sich, egal in welcher Alterskategorie und von welcher Arteigenheit er ist, das Futter nicht streitig machen. Für unsere Dominanzübung würde das bedeuten, du lässt dir auf keinen Fall Futter, auch wenn es noch so verlockend für den Hund ist, ohne Erlaubnis abnehmen!

Ich könnte jetzt noch eine Vielzahl von Dominanzübungen ansprechen. Mir geht es hier aber vor allem um die Dringlichkeit solcher Überlegungen. Je hundlicher du an deinem Status im Zusammenspiel mit deinem Hütehund arbeitest, umso glücklicher wird euer Verhältnis sein!

Das Grundprinzip all unserer Bemühungen im Junghundealter muss das Heranführen an gewünschte und benötigte Eigenschaften sein. Noch wichtiger ist in diesem Lebensabschnitt aber das Vermeiden unerwünschter Gewohnheiten, denn die Korrektur von Unarten ist wesentlich aufwendiger als das Anlernen neuer Aufgabenstellungen.

Eine glückliche Partnerschaft

Eine glückliche Partnerschaft resultiert aus der Zufriedenheit von Mensch und Hund. Ein Zustand, den wir alle anstreben. Dazu gehört eine gute Verträglichkeit und auch eine gewisse Konfliktfähigkeit der Beteiligten. Ohne in Wiederholungen von bereits Erörtertem verfallen zu wollen, werde ich hier einige meiner Gedanken als Zusammenfassung formulieren. Ich hoffe auf deine Nachsicht, wenn du bei manchen meiner Ausführungen anderer Meinung bist. Als Schäfer neige ich eben dazu, den Umgang mit Tieren und hier vor allem mit unseren Hunden rational und weniger emotional zu verstehen.

Hier meine Einschätzung von Voraussetzungen für ein glückliches und erfolgreiches Zusammenleben mit unseren geschätzten Vierbeinern in aller Kürze:

- Dein Hund möchte seinem Wesen und seiner Art entsprechend eingeschätzt und behandelt werden.
- Er erwartet von dir umsichtige Führungsqualitäten, die du auch ständig unter Beweis stellen musst.
- Versuche, Stress und Entspannung in einen harmonischen Gleichklang zu bringen.
- Verlange nichts, was seine Fähigkeiten überfordert.
- Vermeide überbordendes Lobesverhalten.
- Kläre die Futterdominanz mit dem Hund und beziehe die ganze Familie mit ein.
- Erlaube möglichst viele Kontakte mit anderen, freilaufenden Artgenossen.
- Beurteile nicht Liebe, Dankbarkeit und Zuneigung rein nach menschlichem Empfinden.
- Denke an sein vorrangiges Verlangen, vor allem im Hier und Jetzt zu handeln.
- Beachte die Rudel-Gesetzmäßigkeit und handle entsprechend, denn du bist Teil seines Rudels.

Der Bergamasker Hirtenhund ist sich auch für ein Ballspiel nicht zu schade.

Wenn du all seine hundlichen Erwartungen zu seiner Zufriedenheit erfüllst und er dich als vollwertiges Rudelmitglied einordnet, dann wirst du eine Partnerschaft erleben, die durch nichts zu überbieten ist. Seinen Willen zu gefallen und dem Rudel uneingeschränkt zu dienen wird dir dein Hütehund täglich immer wieder neu unter Beweis stellen.

Serviceseiten

Literaturverzeichnis

Actun, K. (2016): Dein Hund braucht dich. Verlag Eugen Ulmer, Stuttgart
Birmelin, I. (2014): Macho oder Mimose. Gräfe und Unzer Verlag, München
Bloch, G./ Radinger, E. (2010): Wölfisch für Hundehalter. Frankh-Kosmos Verlag, Stuttgart
Chifflard, H./ H. Sehner (1996): Ausbildung von Hütehunden. Verlag Eugen Ulmer, Stuttgart
Feltmann, G. (1993): Hund und Mensch im Zwiegespräch. Frankh-Kosmos Verlag, Stuttgart
Feltmann, G. (2000): Welpentraining. Frankh-Kosmos Verlag, Stuttgart
Feltmann, G. (2003): Die Kunst, mit dem Hund zu reden. Frankh-Kosmos Verlag, Stuttgart
Finger, K.H. (1988): Hirten- und Hütehunde. Verlag Eugen Ulmer, Stuttgart
Hartmann, K. (2020): Hunde Erziehen, Frankh-Kosmos Verlag, Stuttgart
Hegewald-Kawich, H./Wegler, M. (1996): Hunde richtig verstehen. Mosaik Verlag, München
Kotrschal, K. (2020): Hund & Mensch. Piper Verlag, München
Lehari, G. (2017): 400 Hunderassen von A-Z. Verlag Eugen Ulmer, Stuttgart
McConnell, P. (2004): Das andere Ende der Leine, Kynos Verlag, Nerdlen
Meerman, S./Hermes, A. (2006): Border Collies. Cadmos Verlag, Brunsbeck
Müller, H.A. (1995): Border Collie. Kynos Verlag, Mürlenbach
Müller, M. (2009): Der echte, führige Schutzhund. Oertel+Spörer Verlag
Ochsenbein, U. (2004):Hundeausbildung nach Urs Ochsenbein. Müller Rüschlikon Verlag, CH-Cham
Rolfs, K. (1982): Abrichten des Jagdhundes. VEB Deutscher Landwirtschaftsverlag, Berlin
Schlegl-Kofler, K. (2021): Welpen-Erziehung. Gräfe und Unzer Verlag, München
Schmidt-Röger, H. (2021): Was Denkt Mein Hund. Frankh-Kosmos Verlag, Stuttgart
Zimen, E. (1988): Der Hund. Bertelsmann Verlag, München

Bildverzeichnis

Vivienne Sehner: S. 7 (rechts oben), 15, 24, 25, 28, 30, 32, 59, 165
Herbert Sehner: S. 9 (rechts unten), 10/11, 16, 51, 56, 84, 108, 142, 158/159, 162, 169, 171
Jens Gora: S. 7 (rechts unten), 36/37, 69, 76/77, 153, Autoren Bild (Umschlag)
Anna Gora: S. 95, 133, 168
Christian Mendel: S. 29
Marion Zimmermann: S. 44, 52
Ursula Jurutka: Titelbild, S. 7 (links oben), 7 (links unten), 9 (rechts oben), 9 (links unten), 13, 22, 35, 40, 60, 63, 65, 79, 82, 83, 90/91, 92, 100, 101, 104, 107, 112, 118/119, 120, 135, 144, 147, 151, 155, 163, 170, 172, 174
Claudia Träger: S. 3, 4, 5, 9 (links oben), 14, 18, 19, 23, 26, 27, 43, 47, 55, 66, 72, 75, 78, 81, 87, 88, 89, 93, 97, 98, 99, 106, 110, 114, 117, 122, 123, 125, 126, 127, 129, 138, 148, 166, 167, 173
istock: S. 2 (© Onfokus)
AdobeStock: S. 39 (Schafe © M.i.c.c.a), 39 (Bobtail © CallallooFred), 78 (© Ana Gram), 102 (© Natalia Chircova), 164 (© ulianna19970)

Aus Gründen der besseren Lesbarkeit wird auf die gleichzeitige Verwendung der Sprachformen männlich, weiblich und divers (m/w/d) verzichtet. Sämtliche Personenbezeichnungen gelten gleichermaßen für alle Geschlechter.

Umschlaggestaltung, Layout und Satz: Monika Ebner
Lektorat: Regina Stein · Gesetzt aus der DIN OT

Verlag und Druck:
KASTNER AG – das medienhaus, Schloßhof 2-6, 85283 Wolnzach, www.kastner.de

1. Auflage 2022

ISBN 978-3-945296-97-4

Printed in Germany

Inhalt kurz zusammengefasst

Vom Wolf bis zu den Hütespezialisten

Das genetische Erbe, das der Wolf an unsere Hütehunde weitergegeben hat, hinterlässt eine Vielzahl von Eigenschaften, die in der Wildform der Kaniden zum Überleben erforderlich sind. Die Aufgabenbereiche unserer Hütehunde sind teilweise mit sehr unterschiedlichen Anforderungen und Temperamenteigenheiten belegt. Die Erklärung der für die Thematik „Hütehunde" gebräuchlichen Fachausdrücke und deren spezielle Eigenheiten sollen den Familien- wie auch den Gebrauchshundebesitzern helfen, ihre Hütehunde besser zu verstehen.

Wesenseigenschaften, Mythen und Halbwahrheiten

Die Kenntnis und die Berücksichtigung der unterschiedlichen Wesensmerkmale unserer Hütehunde ist wichtig, um ein harmonisches Verhältnis mit ihnen zu ermöglichen. Behauptungen wie „Der Hütehund braucht viel Bewegung und Auslastung" haben, wenn falsch interpretiert, ein enormes Potential, uns gegenseitig zu belasten.

Sinneswelt, Rang-, Rudelordnung und Hüteveranlagung

Das Wissen um die speziellen Sinnesleistungen der Hunde hilft uns, sie besser zu verstehen. Wölfe leben in einem Familienverband mit hochentwickeltem Sozialverhalten und einer klaren Struktur. Diesbezügliche Kenntnis wird uns mit Sicherheit das Miteinander erleichtern. Der Hütetrieb korreliert mit vielen positiven Eigenschaften unserer Hütehunde.

Kommunikation und Hundehaltung in Übereinstimmung

Obwohl Mensch und Hund vielfach unterschiedlich miteinander kommunizieren, so gibt es doch so einiges an Gemeinsamkeiten. Das gegenseitige Verstehen ist Ziel unserer Erziehungsarbeit. Das Zusammenleben in emotionaler Verbundenheit ist eine wichtiges Voraussetzung für eine ideale Mensch-Hunde-Partnerschaft.

Artgerechter Umgang, der Eignung entsprechend

Die besondere Kommunikationsbereitschaft unserer Hütehunde erleichtert den Umgang mit ihnen. Mit Vermenschlichung und „Streichelzoo-Mentalität" wird man deren Bedürfnissen in vielen Fällen nicht gerecht. Klare Regeln und das Besinnen auf ihre artgerechten Ansprüche sind hier der Schlüssel zum Erfolg.

Hütehundezucht und Aufzucht in optimaler Partnerschaft

Für die Hirtentätigkeit wurden Hunde über viele Generationen auf ganz spezielle Eigenschaften selektiert. Wenn diese Merkmale innerhalb kürzester Zeit züchterisch nicht mehr bedacht werden, wird die besondere Lernfähigkeit und der ausgeprägte Wille zu dienen ebenfalls schnell verloren gehen. Eine artgerechte Vorgehensweise in Verbindung mit entsprechendem Fachwissen wird auch in Zukunft eine Partnerschaft ermöglichen, die für Hütehunde und Mensch gleichermaßen erfolgreich ist.